Sanjeev Kumar Tripathi
Ashok Kumar

Epidemiologia molecular da infeção pelo vírus da dengue em crianças

Sanjeev Kumar Tripathi
Ashok Kumar

Epidemiologia molecular da infeção pelo vírus da dengue em crianças

ScienciaScripts

Imprint

Cover image: www.ingimage.com

This book is a translation from the original published under ISBN 978-620-2-30579-2.

Publisher:
Sciencia Scripts
is a trademark of
Dodo Books Indian Ocean Ltd. and OmniScriptum S.R.L publishing group

120 High Road, East Finchley, London, N2 9ED, United Kingdom
Str. Armeneasca 28/1, office 1, Chisinau MD-2012, Republic of Moldova, Europe
Printed at: see last page
ISBN: 978-620-7-67742-9

Resumo

A febre de dengue é a doença arboviral (transmitida por artrópodes) mais comum no mundo. Nos últimos 50 anos, a incidência da dengue aumentou 30 vezes, com a doença a alastrar-se cada vez mais a novos países e a espalhar-se das zonas urbanas para as rurais nos últimos dez anos. Cerca de 2,5 mil milhões de pessoas que vivem em regiões tropicais e subtropicais estão em risco de infeção por dengue, o que equivale a cerca de dois quintos da humanidade. Estima-se que ocorram entre 50 e 100 milhões de infecções por ano em todo o mundo, com 500 000 casos que requerem hospitalização e 24 000 mortes. Além disso, o número de pessoas que vivem em regiões tropicais e subtropicais duplicará até ao final do século. Historicamente, as crianças têm sido as mais afectadas pela doença e a dengue grave é uma das principais causas de hospitalização e de morte entre as crianças em vários países do Sudeste Asiático, o que faz da dengue uma ameaça global para a saúde pública. Por conseguinte, o foco deste livro é a fisiopatologia molecular da infeção pelo vírus da dengue em crianças.

Abreviaturas

AA- Amino acid

APC- Antigen presenting cells

Bp- Base pair

C- Capsid

cDNA- complementary DNA

CDS- coding sequence

CHIKV- Chikungunya Virus

dNTP- Deoxy nucleotide triphosphate

DTT- Dithiothreitol

DENV- Dengue Virus

DENV-1- Dengue Virus type 1

DENV-2- Dengue Virus type 2

DENV-3- Dengue Virus type 3

DENV-4- Dengue Virus type 4

DF- Dengue fever

DHF- Dengue haemorrhagic fever

DSS- Dengue shock syndrome

E- envelope

ELISA- Enzyme linked immunosorbent assay

JEV- Japanese Encephalitis Virus

Kb- kilobase

kDa- kiloDalton

ICTV- The International Committee on Taxonomy of Viruses

IgA- immunoglobulin A

IgG- immunoglobulin G

IgM- immunoglobulin M

ML- maximum likelihood

MP- m maximum parsimony

MEM- Minimum essential medium

Mg- milligram

Min- Minutes

mL- Millilitre

MW- Molecular Weight

NCBI- National Center for Biotechnology Information

NJ- neighbour joining

NS- non-structural

Nt- nucleotide(s)

ORF- Open reading frame

RdR- p RNA-dependent RNA polymerase

prM- precursor of membrane

RNA- ribonucleic acid

rpm Rotation per minute

UTR- untranslated region

WHO- World Health Organization

WNV- West Nile Virus

YFV- Yellow Fever Virus

WHO- World Health Organization

μg- Microgram

μL- Microlitre

μM- Micromole

CAPÍTULO 1 INTRODUÇÃO

Nos últimos anos, a dengue tornou-se um problema de saúde pública mundial entre as doenças arbovirais. A dengue é, de longe, a febre hemorrágica viral transmitida por artrópodes mais importante em termos de morbilidade, mortalidade e perdas económicas. É a doença transmitida por vectores que se espalha mais rapidamente (OMS, 2008). A infeção pelo vírus da dengue é um problema de saúde pública importante e crescente, com cerca de 2,5 mil milhões de pessoas em risco de infeção em países tropicais e subtropicais, principalmente no Sudeste e Sul da Ásia, na América Central e do Sul e nas Caraíbas. Historicamente, as crianças têm sido as mais afectadas pela doença e a dengue grave tem sido uma das principais causas de hospitalização e de morte entre as crianças em vários países do Sudeste Asiático (Kyle, Harris, 2008). Em 1998, foram notificados à OMS 1,2 milhões de casos de febre do dengue (DF) e de febre hemorrágica do dengue (FHD), incluindo 3442 mortes (OMS, 2007). A taxa de mortalidade varia entre 0-5% e 3-5% nos países asiáticos (Halstead, 1999). A doença é endémica nos subcontinentes americanos, no Sudeste Asiático (SEAR), no Pacífico Ocidental (WPR), em África e no Mediterrâneo Oriental, sendo o principal fardo da doença nas três primeiras regiões (Guzman e Kouri, 2002). [th]No século XX, foram reconhecidas formas mais virulentas de infeção pelo vírus da dengue. Após a Segunda Guerra Mundial, o surgimento da FHD criou condições ideais para a transmissão da doença transmitida por mosquitos. A síndrome de choque da dengue (DSS) é uma forma grave de FHD que está associada ao choque. A primeira epidemia de FHD conhecida ocorreu em Manila (Filipinas) em 1953-54. Desde então, o espetro de infecções pelo vírus da dengue voltou a emergir, levando a um ressurgimento da doença a nível mundial. A infeção pelo vírus da dengue é conhecida na Índia desde o século passado e a doença é endémica neste subcontinente. Recentemente, ocorreram grandes epidemias em Calcutá (Banik, 1994), Deli (Ramji, 1996; Aggarwal *et al.,* 1998) e Chennai (Narayanan et al., 2002). Em 2003, registou-se um surto de dengue em Lucknow e nas zonas circundantes de Uttar Pradesh, na Índia (Gupta et al., 2010). Além disso, o número de pessoas que vivem em regiões tropicais e subtropicais duplicará até ao final do século (UNEP, 2009; Holden 2009). Historicamente, as crianças têm sido as mais afectadas pela doença, e a dengue grave tem sido uma das principais causas de hospitalização e de morte entre as crianças em vários países do Sudeste Asiático, o que faz da dengue uma ameaça global para a saúde pública (Webster et al., 2009).

A infeção por dengue é causada por quatro serótipos diferentes, DEN-1 a DEN-4. Embora os quatro serótipos deste vírus tenham sido isolados de

diferentes partes da Índia, verificou-se que o DEN-1 e o DEN-3 são os serótipos predominantes que circulam no norte da Índia, tal como referido em 2005 (Gupta et al, 2006). O conhecimento destes serótipos circulantes permite, assim, a preparação para epidemias e o desenvolvimento de vacinas (Maneekarn et al, 1993; Wang et al, 2003).
Como não existe uma vacina protetora nem um tratamento específico para a FD/FDH, um diagnóstico preciso é crucial para o início precoce de medidas de saúde preventivas específicas para conter a propagação da epidemia e reduzir as perdas económicas (Kao *et al.,* 2005). O diagnóstico laboratorial de rotina da infeção pelo vírus da dengue envolve frequentemente a deteção de anticorpos contra o vírus da dengue por ELISA. O diagnóstico serológico pode ser confuso, uma vez que os anticorpos reagem de forma cruzada com outros flavivírus. Além disso, o teste de anticorpos pode ser negativo nas fases iniciais da infeção (primeiros 5-7 dias) ou em alguns casos de reinfeção. De acordo com a definição de caso de doença da OMS, a deteção de anticorpos num único soro é sempre considerada um diagnóstico provável, mas nunca uma confirmação. Além disso, o teste ELISA IgM com amostras de soro simples não fornece informações sobre o serótipo do vírus. Por conseguinte, são necessárias ferramentas para um diagnóstico laboratorial rápido e específico, incluindo a tipagem do vírus. Este diagnóstico é necessário para que possam ser iniciadas medidas adequadas de controlo, prevenção e tratamento e para que possam ser fornecidos dados epidemiológicos exactos.
O método convencional para determinar os vírus é o isolamento do vírus em culturas de tecidos ou em mosquitos, seguido de coloração por imunofluorescência ou tipagem ELISA utilizando anticorpos monoclonais específicos ou por RT-PCR. (Usawattanakul *et al.,* 2002). O isolamento do vírus é moroso e demora cerca de 7-10 dias (Muruganathan, 2008). Os vírus em circulação permanecem detectáveis no sangue até 5 dias após o início dos sintomas. Além disso, a quantidade de vírus em circulação diminui à medida que o nível de anticorpos aumenta. Por este motivo, o isolamento do vírus deixa geralmente de ser possível em amostras colhidas 6 dias após o início dos sintomas. Por conseguinte, é essencial que uma amostra de soro da fase aguda seja colhida o mais rapidamente possível após o início dos sintomas. O isolamento do vírus a partir de uma amostra clínica suspeita é considerado o padrão de ouro e permite um diagnóstico inequívoco (Das *et al.,* 2006).
Em contrapartida, a deteção do vírus da dengue através de métodos moleculares, como a reação em cadeia da polimerase com transcriptase reversa (RT-PCR), constitui uma indicação clara de uma infeção aguda no soro ou plasma humanos. Este método também pode ser utilizado para

identificar os diferentes serótipos do vírus da dengue. A PCR tem potencial para a deteção sensível, específica e rápida de quantidades mínimas de material genético em amostras clínicas, pelo que representa uma abordagem atractiva para a identificação rápida da infeção por dengue (Vorndam e Kuno, 1997; Deubel e Pierre, 1994; Thayan *et al,* 1995). Tendo em conta as diferentes fases da infeção por dengue e o período de tempo até ao qual o vírus permanece em circulação e/ou após o qual os anticorpos aparecem no soro, o diagnóstico específico e confirmatório da dengue pode ser efectuado associando o isolamento do vírus e a RT-PCR à deteção de anticorpos.
Além disso, este teste pode ser realizado quantitativamente em conjunto com a tecnologia de PCR em tempo real e pode ser utilizado para seguir o curso da infeção em doentes gravemente afectados com suspeita de FHD/SD. A PCR em tempo real tem muitas vantagens em relação à RT-PCR convencional, uma vez que é mais sensível, pode ser automatizada para permitir um rastreio de elevado rendimento e o tempo de familiarização, incluindo o manuseamento de amostras, é inferior a quatro horas (Gurukumar *et al.*, 2009).
Embora o termo "dengue" seja normalmente utilizado para designar todo o espetro da doença da dengue, a OMS desenvolveu um esquema de classificação formal em 1974 que define a dengue como assintomática, DF ou DHF/DSS (OMS, 1975). A categoria FHD está dividida em quatro níveis de gravidade com base no número de manifestações hemorrágicas. Os graus de gravidade III e IV da FHD, em que se regista uma forte fuga de plasma, são designados por síndrome de choque da dengue (SCD).

CAPÍTULO 2 VÍRUS DA DENGUE

O agente causador da doença da dengue é o vírus da dengue (DENV), um grupo de quatro flavivírus estreitamente relacionados mas antigenicamente diferentes. Pensa-se que evoluíram independentemente dos vírus silváticos há 100-1.500 anos (Wang *et al.*, 2000). Existem quatro serotipos do vírus da dengue, DEN-1, DEN-2, DEN-3 e DEN-4 (Gubler 1998). A infeção com um serotipo confere imunidade vitalícia contra este vírus, mas não contra os outros. A proteção cruzada entre os tipos de dengue dura menos de 12 semanas (Burke e Monath, 2001).

Taxonomia

Existem três géneros na família *Flaviviridae* (anteriormente conhecida como arbovírus do grupo B), nomeadamente *Flavivirus*, *Pestivirus* e *Hepacivirus*. O vírus da dengue pertence ao género *dos flavivírus,* que é constituído por 55 espécies de vírus identificadas (ICTVdB, 2006). A palavra *flavi deriva do* latim *"flavus",* que significa "amarelo", e a espécie-tipo do género é o vírus da febre amarela (YFV). Os flavivírus tomam o seu nome da iterícia observada em doentes com febre amarela. Muitos flavivírus são agentes patogénicos importantes para o ser humano, nomeadamente o vírus da dengue, o vírus da febre amarela, o vírus da encefalite japonesa (JEV), o vírus do Nilo Ocidental (WNV) e o vírus da encefalite transmitida por carraças (TBEV). Os flavivírus são transmitidos principalmente por mosquitos e carraças, enquanto que para alguns deles não existem vectores conhecidos.

A dengue foi um dos grupos classificados quando os primeiros investigadores dividiram serologicamente os flavivírus em oito complexos antigénicos com base em testes de neutralização cruzada. No entanto, muitos vírus, por exemplo, o protótipo do género YFV, não puderam ser atribuídos a nenhum complexo (Calisher *et al.*, 1989). Quando os dados de sequência se tornaram disponíveis, a inferência filogenética a partir de dados moleculares mostrou concordância com a classificação dos complexos antigénicos. Além disso, surgiu uma divisão clara do género *Flavivirus* em grupos de vírus não transmitidos por vectores e de vírus transmitidos por vectores, com o último a dividir-se em grupos de vírus transmitidos por mosquitos e por carraças (Kuno *et al.*, 1998). Como se mostra na Figura 1, o grupo de vírus transmitidos por mosquitos divergiu ainda mais em YFV, JEV e vírus da dengue, por esta ordem (Zanotto *et al.*, 1996). O vírus da dengue foi classificado em quatro grupos, conhecidos como *serótipos,* com base nas suas propriedades antigénicas. Descobertas subsequentes a partir de dados moleculares confirmaram esta classificação e também proporcionaram uma compreensão mais clara da filogenia dos quatro serotipos: Entre os vírus da dengue, o DENV-4 foi o primeiro a evoluir a partir de um ancestral comum, seguido pelo DENV-2 e, finalmente, pelo DENV-1 e DENV-3 (Zanotto *et al.*, 1996).

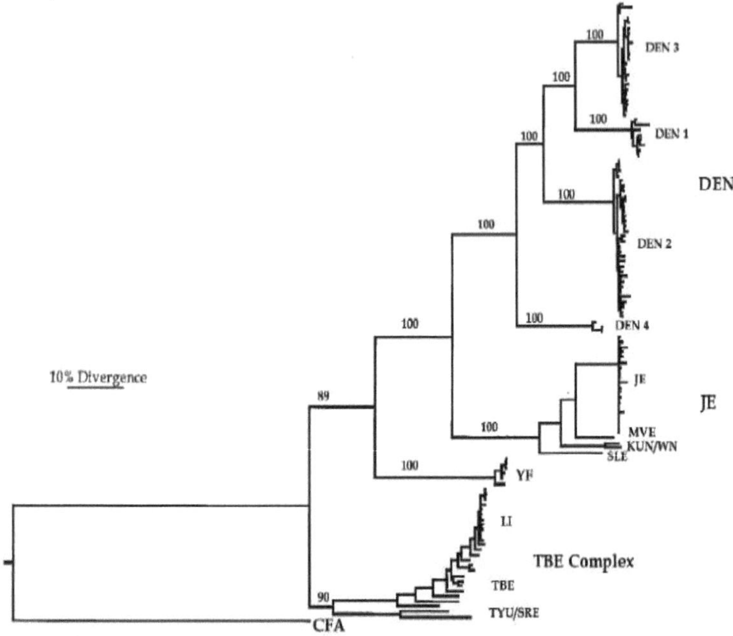

Figura 1: Árvore de máxima verosimilhança para o gene E de 123 flavivírus. A raiz da árvore é a sequência do vírus do agente de fusão celular (CFA) do *Aedes albopictus* (fonte: figura de Zanotto *et al.*, 1996).

3.2 Morfologia dos vírus

Tal como acontece com outros flavivírus, o virião do vírus da dengue é esférico e tem um diâmetro de 40-50 nm. É constituído por um nucleocapsídeo com um diâmetro de cerca de 30 nm, rodeado por um invólucro lipídico. O nucleocapsídeo contém o capsídeo viral e o genoma de ARN. O invólucro lipídico é constituído por uma bicamada lipídica, uma proteína do invólucro entre 51 000 e 59 000 Daltons que medeia a ligação, a fusão e a penetração, e uma pequena proteína da matriz interna não glicosilada com cerca de 8 500 Daltons. A proteína do envelope é glicosilada na maioria dos flavivírus e está exposta na superfície do virião. Estudos de microscopia eletrónica mostraram que os viriões maduros da dengue se caracterizam por uma superfície relativamente lisa, como se mostra na figura 2, com 180 cópias da proteína do envelope a formar a estrutura icosaédrica (Kuhn *et al.*, 2002).

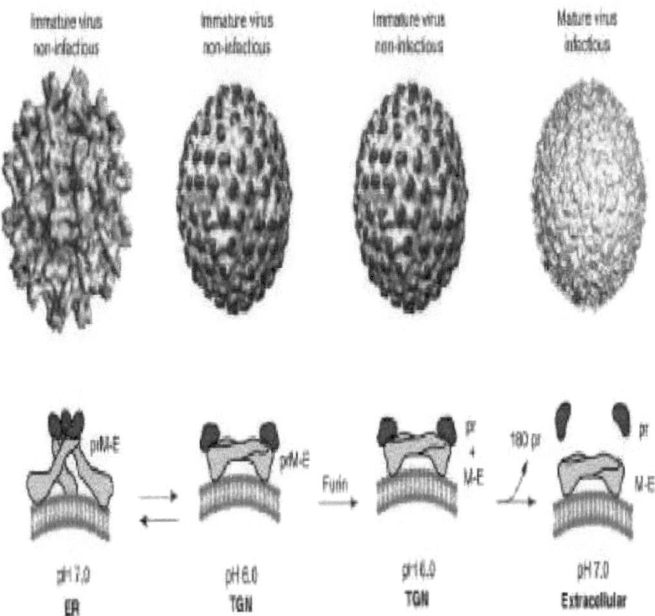

Figura 2: Estrutura do vírus da dengue e conformações da proteína E (fonte: figura de Perera e Kuhn, 2008). ER: Retículo endoplasmático; TGN: Rede transgolgi; prM: Precursor de membrana.

3.3 Organização genómica

A organização genómica do vírus da dengue e, por conseguinte, de todos os flavivírus é relativamente simples em comparação com outras famílias de arbovírus, como os *Togaviridae* (anteriormente conhecidos como arbovírus do grupo A), os *Bunyaviridae* ou os *Rhabdoviridae.* O genoma do DENV é constituído por uma molécula de ARN de cadeia simples e sentido positivo com cerca de 10,7 kb de tamanho (quadro 1). Contém uma única estrutura de leitura aberta (ORF) traduzida de aproximadamente 10 000 nucleótidos que codifica três proteínas estruturais e sete proteínas não estruturais, que codificam um polipéptido precursor de aproximadamente 3390 aminoácidos que é processado cataliticamente em dez proteínas virais (Biedrzycka *et al.*, 1987; Schlesinger *et al.*, 1985).

Quadro 1: Comprimentos típicos das dez proteínas do DENV determinados a partir de alinhamentos de sequências múltiplas de aminoácidos deduzidos a partir de sequências genómicas completas no GenBank

Proteins	DENV-1	DENV-2	DENV-3	DENV-4
C	114	114	113	113
prM/M	166	166	166	166
E	495	495	493	495
NS1	352	352	352	352
NS2A	218	218	218	218
NS2B	130	130	130	130
NS3	619	618	619	618
NS4A	150	150	150	150
NS4B	249	248	248	245
NS5	899	900	900	900
Length of CDS	3392	3391	3390	3387

A DENV-ORF é flanqueada no seu terminal 5'por uma região não traduzida (UTR) de cerca de 100 nucleótidos e no seu terminal 3'por uma UTR mais longa de cerca de 500 nucleótidos. O terminal 5'do genoma tem uma capa do tipo I (m7GpppAmp), e o terminal 3'não é poliadenilado (Chambers *et al.*, 1990). A poliproteína traduzida é clivada co- e pós-traducionalmente por proteases virais e do hospedeiro em dez proteínas virais: três proteínas estruturais (C, capsídeo; prM/M, precursor da membrana; E, envelope) codificadas na extremidade 5'da ORF e sete proteínas não estruturais (NS1, NS2A, NS2B, NS3, NS4A, NS4B e NS5) codificadas na extremidade 3'(Figura 3).

As três proteínas estruturais formam o virião do DENV: a proteína do capsídeo envolve o genoma do ARN viral e forma o nucleocapsídeo, enquanto as proteínas prM e E estão integradas na bicamada lipídica que forma o envelope viral. A clivagem da prM na proteína de membrana (M) por fusão durante a libertação do vírus demonstrou ser um pré-requisito para a produção de viriões infecciosos maduros. Das três proteínas estruturais, a proteína E é a mais importante pois é o principal componente do envelope viral. É glicosilada em dois locais (Asn-67 e Asn-153) e é responsável pela ligação do vírus aos receptores das células hospedeiras susceptíveis e pela fusão com as membranas celulares. A glicoproteína E contém também os epítopos mais importantes que são reconhecidos pelos anticorpos neutralizantes (Chambers *et al.*, 1990). Estes epítopos encontram-se também, em menor grau, na glicoproteína M (Kaufman *et al.*, 1989).

Figura 3: Representação esquemática: (em cima) a organização dos genes no genoma de ARN do vírus da dengue, (em baixo) a topologia da membrana

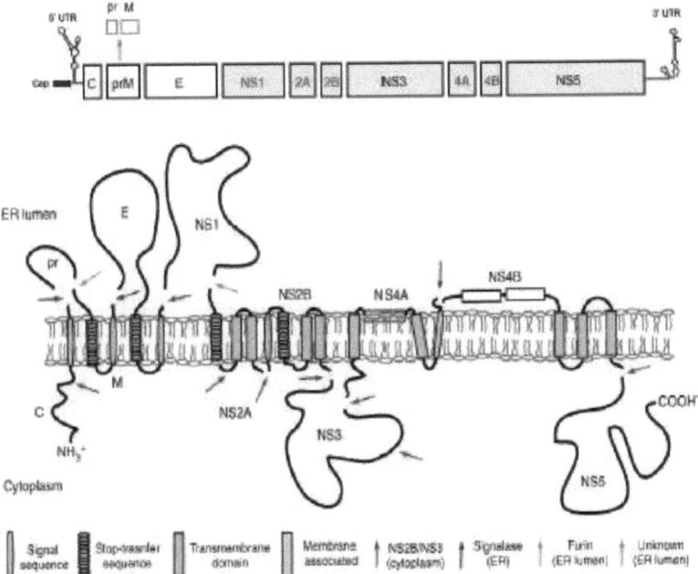

e os locais de clivagem proteolítica da poliproteína transcrita. As proteases celulares e virais, indicadas por setas, decompõem a poliproteína imatura em dez proteínas individuais (fonte: adaptado de Perera e Kuhn, 2008).

A extremidade 3' do genoma do DENV codifica sete proteínas não-estruturais (NS) de diferentes tamanhos, por esta ordem: NS1, NS2A, NS2B, NS3, NS4A, NS4B e NS5. Sabe-se que algumas proteínas não-estruturais são multifuncionais, enquanto pouco se sabe sobre outras.

sabe-se sobre NS1, NS2A e NS4A/4B. As funções das proteínas não-estruturais estão resumidas no Quadro 2.

NS proteins	Description of known functions
NS1	Plays a role in viral RNA replication complex; acts as soluble complement-fixing antigen
NS2A	Forms part of the RNA replication complex
NS2B	Co-factor for NS3 protease
NS3	Serine protease, RNA helicase and RTPase/NTPase
NS4A	Possibly induces membrane alterations important for virus replication
NS4B	Possibly blocks IFN α/β-induced signal transduction
NS5	Methyltransferase (MTase) and RNA-dependent RNA polymerase (RdRp)

Quadro 2: Funções conhecidas e possíveis das proteínas não-estruturais da dengue
(revisto em Perera e Kuhn, 2008)

Epidemiologia

Distribuição global

A dengue é a doença viral transmitida por mosquitos que se espalha mais rapidamente no mundo.
mundo. Nos últimos 50 anos, a incidência aumentou 30 vezes, com a doença a espalhar-se cada vez mais por novos países e a deslocar-se das zonas urbanas para as rurais nos últimos dez anos (Figura 4). Estima-se que ocorram 50 milhões de infecções por dengue por ano e que cerca de 2,5 mil milhões de pessoas vivam em países onde a dengue é endémica (OMS, 2009).

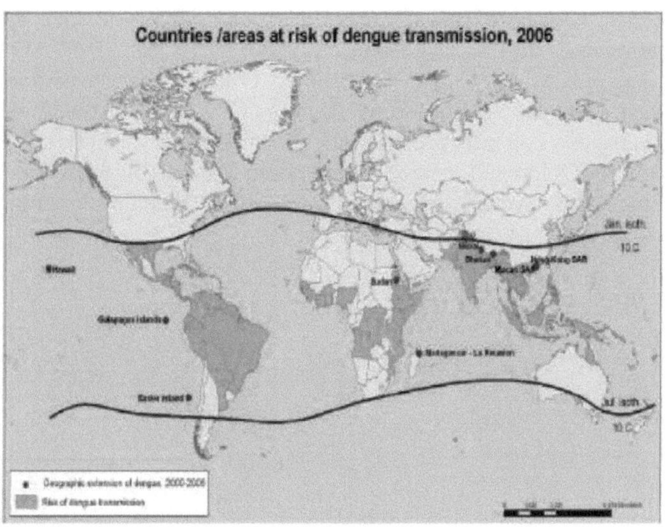

Figura 4: Áreas de risco para a transmissão da febre de dengue, 2006 (Fonte: OMS 2009).

O primeiro relato de DENV na literatura médica data do século XVIII, embora uma doença semelhante ao DENV tenha sido registada em algumas enciclopédias médicas chinesas séculos antes. Foram registadas epidemias de DENV ou de doenças semelhantes ao DENV nas Américas, no Sudeste Asiático, no Sul da Europa e em várias outras partes do mundo no século XIX e no início do século XX (Gubler, 1998). No entanto, a prevalência de doenças associadas ao DENV era baixa, e o DENV não foi considerado um problema de saúde pública até que a prevalência mundial do DENV aumentou drasticamente nas últimas décadas. Foi só em 1953 que ocorreu a primeira epidemia de FHD em Manila, nas Filipinas (Gubler, 1998). Nas duas décadas seguintes, o DENV reemergiu e é agora a doença mais comum transmitida por vectores em todo o mundo (OMS, 1997). Antes de 1970, as epidemias de FHD ocorriam em apenas nove países, enquanto atualmente a FD, a FHD e a DSS ocorrem em mais de 100 países e territórios (Figura 5), ameaçando a saúde de mais de 2,5 mil milhões de pessoas em zonas urbanas, periurbanas e rurais.

infecções são notificadas todos os anos, calcula-se que ocorram efetivamente mais de 100 milhões de casos por ano (OMS, 1997). O DENV é endémico em África e no Mediterrâneo Oriental, nas Américas e nas Caraíbas, no Sudeste Asiático e no Pacífico Ocidental. O maior peso das doenças causadas por infecções por DENV verifica-se no Sudeste Asiático e no Pacífico Ocidental, embora o aumento das notificações de DENV provenientes das Américas nos últimos anos tenha sido motivo de preocupação.

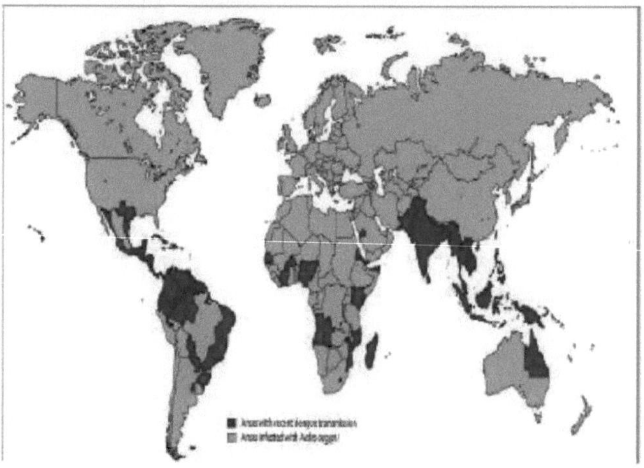

Figura 5: Distribuição mundial do DENV em 2005, com destaque para as zonas de risco de transmissão do DENV (Fonte: Halstead, 2007)

Desde o fim da Segunda Guerra Mundial, ocorreram epidemias de dengue ou de FHD em 38 dos 46 países do continente asiático e nas ilhas do Pacífico. Os quatro serotipos estão presentes em praticamente todos os países da região. Ocorreram recentemente epidemias de FHD na Índia, Srilanka, Paquistão, Myanmar, China, Tailândia, Indonésia, Filipinas, Maldivas, Camboja, Laos, Vietname, Malásia, Singapura e em muitas ilhas do Pacífico Sul. (Lennox & Arata, 1999).

Nas décadas de 1980 e 1990, ocorreram em todo o mundo grandes epidemias causadas pelos quatro serotipos do vírus da dengue (Nimmanitya, 2002). Em 1982, o primeiro caso de infeção simultânea com os serotipos do vírus DEN-2 foi registado em Porto Rico (Gubler *et al.*, 1985) e, desde então, vários países comunicaram a ocorrência de infecções simultâneas (Lorono-Pino *et al.,* 1999) em áreas onde co-circulam múltiplos serotipos do vírus da dengue. Estudos anteriores com uma elevada percentagem de infecções simultâneas foram comunicados em Taiwan (9,5%), na Indonésia (11%) e no México, Porto Rico e Indonésia juntos (5,5%). Nas últimas duas décadas, o DEN-3 causou epidemias inesperadas de FHD no Srilanka, na África Oriental e na América Latina (Messer WB *et al*, 2003). Embora o serótipo predominante nos anos 80 e no início dos anos 90 fosse o DEN-2, nos últimos anos mudou para o serótipo DEN-3 (King *et al.*, 2000; Endy *et al.*, 2002). A população mundial foi exposta ao DEN-3, que teve origem no subcontinente indiano e mais tarde se espalhou para outros continentes (Messer *et al.*, 2003). Embora o DEN-4 tenha sido isolado em quase todas as epidemias, é detectado principalmente em infecções secundárias de dengue (Nisalak *et al.*, 2003).

Epidemias na Índia

A Índia é endémica em relação à febre da dengue e registou vários surtos de dengue no passado. Todos os quatro serotipos conhecidos foram implicados nestes surtos (Singh et al, 1999; Kumar et al, 2004; Dash et al, 2006; Kukreti et al, 2008; Bharaj et al, 2008), mas a maioria dos surtos foi causada pelo DENV-2. Desde 2003, a causa destes surtos passou do DENV-2 para o DENV-3, que emergiu como o vírus da dengue predominante que circula no norte da Índia, mas o envolvimento do DENV-1 não foi detectado nos principais surtos de dengue (Kumar et al., 2004; Dash et al., 2006; Kukreti et al., 2008).O primeiro surto de dengue na Índia foi registado em 1812 (Jatarsen e Thongcharoen, 1993). No entanto, foram efectuados inquéritos serológicos em 1954 que mostraram que o DEN-1 e o DEN-2 estavam disseminados (Smith Burn, 1954). O DEN-4 foi isolado em Vellore sem causar diátese hemorrágica (Myers, 1964). Na Índia, ocorreu pela primeira vez um pico duplo de FHD em Calcutá, em 1963-64, que se deveu tanto ao vírus do dengue como ao vírus chikungunya. Durante o primeiro pico, foram isoladas estirpes do vírus DEN-2 de doentes com manifestações hemorrágicas e, durante o segundo pico, foram isolados vírus chikungunya (Bandyopadhyay *et al.,* 1996).

Durante os surtos de 1965, 1967 e 1968, os quatro serotipos do vírus da dengue foram isolados de diferentes partes da Índia (Park, 2007).

Foram registados surtos a intervalos regulares em Rajasthan, Bengala Ocidental, Maharashtra, Punjab, Tamil Nadu, MP e Deli. (Bhattacharya *et al.*, 2004). Desde 1967, registaram-se oito surtos de infeção por dengue em Deli (1967, 1970, 1982, 1988, 1990, 1996, 2003 e 2006), tendo o último sido notificado em 2006. Os quatro tipos de vírus da dengue circulam na Índia e causam epidemias, mas, até 1996, apenas foram registados casos ocasionais de FHD/DSS em Deli. Em 1996, ocorreu em Deli um grande surto de FHD/DSS causado pelo DENV-2 (Broor *et al.*, 1997; Dar *et al.*, 1999). Após a epidemia, a atividade viral do DEN-1 foi detectada em Deli em 1997 (Vajpayee *et al.*, 1999). Até 2003, Deli era hipoendémica para a dengue; no entanto, em 2003, pela primeira vez, verificou-se que os quatro subtipos de vírus da dengue circulavam em conjunto em Deli, transformando a cidade num estado hiperendémico (Bharaj *et al.*, 2008).

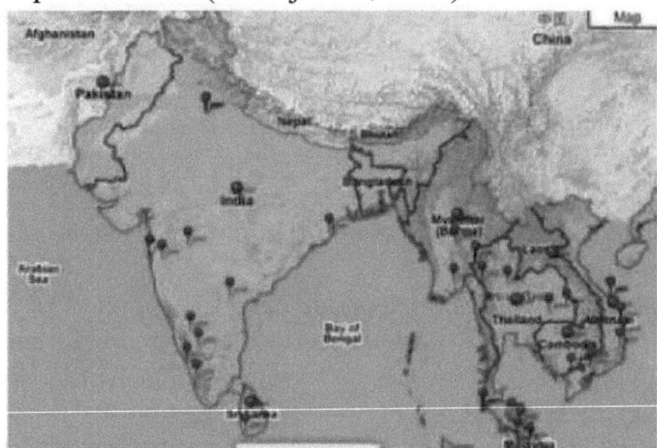

Figura 6: Distribuição do DENV na Índia em 2006, destacando as zonas de risco de transmissão do DENV (Fonte: http://healthmap.org/r/0-gi)

Até meados da década de 1990, a dengue só era registada em três dos quatro estados do sul da Índia: Andhra Pradesh, Karnataka e Tamil Nadu. Entre setembro de 2001 e janeiro de 2002, registou-se uma epidemia de dengue em Chennai, Tamil Nadu, na Índia (Kabilan, 2003). Os quatro serótipos da febre da dengue estavam a circular e foram documentados em Tamil Nadu. Os casos de dengue foram registados já na década de 1960 no distrito de Vellore, em Tamil Nadu. Mais tarde, a dengue tornou-se endémica no distrito de Chennai, com casos dispersos noutras áreas. Sabe-se claramente que a febre de dengue invadiu novas áreas em Tamil Nadu nos últimos anos, tanto geograficamente como em termos de incidência, devido ao rápido afluxo de pessoas. Em maio e setembro de 2001, foram notificados surtos de febre de dengue em duas aldeias do distrito de Dharampuri, em Tamil Nadu. Este surto de febre da dengue parece estar relacionado com o desenvolvimento da aldeia, como também foi observado numa aldeia em Maharashtra (Samuel *et al.*, 2007). O aumento global significativo da seropositividade IgM da dengue entre os casos suspeitos durante 1999-2003 num estudo CMC em Vellore indica um aumento da atividade viral da dengue e levanta a questão de saber se a dengue está a tornar-se um problema de saúde importante no Sul da Índia (Vijayakumar *et al.*, 2005). Em 1996-97, foi também detectada uma prevalência esporádica de FD/FDH nas regiões de Nilgiri e Cardamomo dos Ghats Ocidentais no Sul da Índia (Kalra *et al.*, 2004).

Embora tenham sido notificados surtos em zonas rurais do sul e do oeste da

Índia num passado recente, um dos primeiros surtos em zonas rurais do norte da Índia foi notificado em 13 aldeias de Haryana durante a estação das monções em 1996 (Kumar *et al.*, 2001).

No norte da Índia, uma grave epidemia de doenças febris com manifestações hemorrágicas ocorreu em Kanpur em 1968, após as chuvas (Chaturvedi *et al.*, 1970). Em 1969, ocorreu também uma epidemia semelhante em Kanpur, que incluiu casos de vírus DEN-4 e DEN-2. Em 1996, ocorreu outra epidemia de DF/DHF em Lucknow, Kanpur e áreas vizinhas (Chaturvedi & Nagar, 2008). Em 2003, ocorreu um surto de dengue em Lucknow e nas zonas limítrofes de Uttar Pradesh, na Índia. Em 2004, novamente na estação pós-monção, registou-se um ressurgimento da infeção por dengue nesta região (Gupta *et al.*, 2010).

Epidemiologia molecular

A caraterização molecular do vírus da dengue é necessária para identificar o subtipo/genótipo molecular e para determinar a introdução de novas linhagens. O genoma do vírus da dengue é constituído por três genes estruturais principais, os genes do capsídeo, da pré-membrana e do envelope, e sete genes não estruturais. No passado, foram seleccionadas diferentes regiões do genoma da dengue para análises filogenéticas moleculares. A sequenciação de nucleótidos de todo o gene da proteína do envelope permitiu a classificação dos serótipos do DENV num certo número de genótipos, que estão geralmente correlacionados com a distribuição geográfica (Lewis *et al.*, 1993; Lanciotti *et al.*, 1994; Lanciotti *et al.*, 1997). As alterações genéticas na população do vírus são observadas dentro da mesma região geográfica e resultam frequentemente de mutação e seleção ou da introdução de uma nova variante proveniente de outra região. As diferenças na homologia das sequências entre duas estirpes de vírus que circulam na mesma região podem ser explicadas pela introdução de uma nova estirpe na região por um hospedeiro virémico. Cada serótipo do vírus da dengue pode ser classificado em vários grupos genéticos denominados *genótipos*, com base na sua diversidade de sequências (o termo *subtipo* é utilizado indistintamente). Rico-Hesse (1990) definiu originalmente um genótipo da dengue como um grupo de vírus da dengue que não têm mais de 6% de divergência de sequência numa região de 240 nucleótidos do cruzamento DENV-1 e DENV-2-E/NS1. Desde então, tanto o comprimento como a região do genoma viral selecionada para sequenciação têm variado consideravelmente, dependendo do grupo de investigação, desde a sequência completa de genes individuais até ao genoma completo do DENV (Rico-Hesse, 1990). A atribuição de genótipos baseia-se atualmente em análises filogenéticas e não em limites arbitrários de diversidade de sequências. Rico-Hesse (2003) e Vasilakis e Weaver (2008) publicaram descrições excelentes e pormenorizadas da classificação dos genótipos para os quatro serotipos da dengue (Rico-Hesse, 2003, Vasilakis e Weaver, 2008). Nas secções seguintes, descrevem-se apenas os pontos essenciais do tema. O DENV-1 pode ser subdividido em cinco genótipos com base na sequência completa do gene E, conforme descrito por Goncalvez *et al.* (2002). Num trabalho anterior de Rico-Hesse (1990), o DENV-1 foi também classificado em cinco grupos com base nas sequências de 240 nucleótidos do cruzamento E/NS1, mas com algumas pequenas diferenças em relação ao esquema mais recente apresentado no quadro 3.

Quadro 3: Genótipos do DENV-1 de acordo com Goncalvez *et al.* (2002)

Genotypes	Original known distribution
I	Japan, Hawaii in the 1940s (the prototype strains), China, Taiwan and Southeast Asia.
II	Thailand in the 1950s and 1960s.
III	Sylvatic source in Malaysia.
IV	Nauru, Australia, Indonesia and the Philippines.
V	Africa, Southeast Asia and the Americas.

Todos os genótipos do DENV-1 têm uma vasta gama de distribuição, com exceção do genótipo III (silvestre) e do genótipo II, que consiste em estirpes tailandesas das décadas de 1950 e 1960. Os vírus dos genótipos I e IV foram recentemente identificados como causadores de epidemias no Pacífico entre 2000 e 2004 (A-Nuegoonpipat *et al*, 2004), e os vírus do genótipo V são frequentemente isolados em epidemias nas Américas (Aviles *et al*, 2003). No entanto, ainda não é claro se algum destes três genótipos de DENV-1 pode ser consistentemente associado à causa de casos graves de dengue (Rico-Hesse, 2003).

O DENV-2 é o serótipo mais bem estudado entre os vírus da dengue. Twiddy *et al.* (2002) propuseram a existência de seis genótipos de DENV-2 (quadro 4) com base na sequência completa do gene E, na sequência de trabalhos anteriores de Rico-Hesse (1990) e Lewis *et al.* (1993). Foram isoladas estirpes de DENV-2 silvestre estreitamente relacionadas em vários países da África Ocidental e na Malásia, dois locais distantes, o que levou Wang *et al.* (2000) a colocar a hipótese de o antepassado do DENV silvestre ter tido origem na região asiático-oceânica antes de divergir para os actuais quatro serótipos de DENV.

A primeira epidemia de FHD nas Américas ocorreu após a introdução do genótipo asiático II em Cuba, em 1981 (Guzman *et al.*, 1995). Do mesmo modo, foi relatado que o genótipo americano/asiático (genótipo III) deslocou o genótipo americano anteriormente existente (genótipo V) no hemisfério ocidental (Rico-Hesse *et al.*, 1997) e é considerado o genótipo do DENV-2 com maior impacto epidemiológico (Rico-Hesse, 2003).

Quadro 4: Genótipos de DENV-2 de acordo com Twiddy *et al.* (2002)

Genotypes	Original known distribution
American	Formerly known as subtype V. Found in Latin America, old strains from India (1957), the Caribbean, and the Pacific islands between 1950 and 1970s.
American/Asian	Formerly known as subtype III. Found in China, Vietnam, Thailand and in Latin America since the 1980s.
Asian I	Thailand, Myanmar and Malaysia
Asian II	Formerly known as subtype I and II. Found in China, the Philippines, Sri Lanka, Taiwan and Vietnam. Includes the New Guinea C prototype strain.
Cosmopolitan	Formerly known as genotype IV. Wide distribution including Australia, the Pacific islands, Southeast Asia, the Indian subcontinent, Indian Ocean islands, Middle East, and both East and West Africa.
Sylvatic	Isolated from non-human primates in West Africa and Malaysia.

A atual classificação genotípica do DENV-3 segue a nomenclatura proposta por Lanciotti *et al.* (1994), que reconhece quatro genótipos de DENV-3 com base nas sequências prM/E (quadro 5). Estes quatro genótipos são semelhantes aos quatro grupos descritos por Chungue *et al.* (1993) com base numa região de 195 nucleótidos no terminal 5' do gene E. O genótipo III do DENV-3, que foi introduzido na América através da Nicarágua em 1994, está atualmente disseminado na América Central e do Sul (Balmaseda *et al.*, 1999; Usuku *et al.*, 2001; Messer *et al.*, 2003) e é considerado o mais virulento dos quatro genótipos do DENV-3. É de salientar que o genótipo IV nunca foi associado a epidemias de FHD (Lanciotti *et al.,* 1994).

Genotypes	Original known distribution
I	Indonesia, Malaysia, Thailand, Burma, Vietnam, the Philippines and the South Pacific islands (French Polynesia, Fiji and New Caledonia). Includes the H87 prototype strain.
II	Thailand, Vietnam and Bangladesh.
III	Singapore, Indonesia, South Pacific islands, Sri Lanka, India, Africa and Samoa.
IV	Puerto Rico and French Polynesia (Tahiti).

Quadro 5: Genótipos de DENV-3 de acordo com Lanciotti *et al.* (1994) e a distribuição conhecida dos genótipos antes de 1993

Lanciotti *et al.* (1997) dividiram inicialmente o DENV-4 em dois genótipos, I e II, com base na sequência completa do gene E. Mais tarde, foram descritos dois genótipos adicionais (quadro 6), um dos quais foi encontrado apenas em primatas não humanos na Malásia e outro, o genótipo III, apenas em Banguecoque, na Tailândia (Klungthong *et al.*, 2004). O genótipo II do DENV-4 é o mais difundido dos quatro tipos, tendo sido introduzido no hemisfério ocidental em 1981, possivelmente através das ilhas do Pacífico (Lanciotti *et al.*, 1997; Foster *et al.*, 2003). Embora o DENV-4 seja o serótipo menos estudado, está frequentemente associado à febre hemorrágica durante a infeção secundária (Vaughn, 2000).

Quadro 6: Genótipos de DENV-4 e sua distribuição conhecida

Genotypes	Original known distribution
I	Thailand, Malaysia, the Philippines and Sri Lanka. Includes the H241 prototype strain.
II	Indonesia, Malaysia, Tahiti, the Caribbean islands (Puerto Rico and Dominica) and the Americas.
III	Thailand (Bangkok, specifically).
Sylvatic	Isolated from non-human primates in Malaysia.

Vários investigadores referiram que o cruzamento do gene C-prM é um instrumento poderoso para a genotipagem. A genotipagem de DEN-1 e DEN-3 já foi efectuada, sendo o cruzamento C-prM mais frequentemente utilizado na genotipagem de isolados de dengue indianos. O cruzamento do gene C-prM utiliza um único par de iniciadores para a amplificação e sequenciação de um dos quatro serótipos do vírus da dengue. (Lanciotti *et al.*, 1994; Zhang et *al.*, 2005).

1.5 Distribuição etária

A dengue clássica é sobretudo uma doença de crianças mais velhas e de adultos. Em algumas partes do mundo, é sobretudo um problema de saúde pediátrico (Gubler, 1998). Nas zonas hiperendémicas do Sudeste Asiático, mais de metade das crianças até aos 7 anos de idade estão infectadas com um ou mais serótipos de dengue (Burke & Monath, 2001).

Na Tailândia, a febre da dengue em bebés (<2 anos) constitui um problema médico grave, representando 7,7 e 2,9 % das infecções pelo vírus da dengue (Pancharoen, 2001). A dengue infantil também foi registada em muitos países do Sudeste Asiático, como a Índia e o Sri Lanca (Luca *et al.,* 2001). Embora a FHD possa afetar pessoas de qualquer idade em zonas endémicas de dengue, a maioria dos casos de FHD ocorre em crianças com menos de 15 anos (OMS Genebra, 1997).

1.6 Distribuição por género

Nos surtos de dengue no terreno, as taxas de infeção por dengue são muito semelhantes em todos os grupos. Em alguns surtos, verificou-se uma maior incidência de dengue nas mulheres, o que provavelmente indica um risco de infeção em casa devido ao vetor doméstico *A. aegypti* que pica durante o dia (Burke & Monath, 2001).

Em três estudos independentes sobre epidemias na Índia e em Singapura, verificou-se que o número de doentes do sexo masculino era quase o dobro do número de doentes do sexo feminino (Lucknow e Singapura comunicaram um rácio de homens para mulheres de 1,9:1 e Deli de 1:0,57) (Goh *et al*, 1987, Agarwal *et al*, 1999 & Ray *et al*, 1999). No seu estudo realizado num hospital durante a epidemia de 1996 em Deli, Wali (1999) registou um rácio ainda mais elevado de 2,5:1 (Wali *et al*, 1999). Dados de vigilância da Malásia revelaram uma preponderância masculina entre os doentes indianos e malaios (1,5:1) (Shekhar *et al.*, 1992).

Sazonalidade e variabilidade climática

Nas zonas tropicais, as epidemias ocorrem geralmente durante a estação das monções ou das chuvas. Embora o aumento da precipitação leve a uma expansão dos locais de reprodução do mosquito vetor, a incidência da doença humana não está estreitamente correlacionada com a densidade populacional do vetor. Outros factores (especialmente o aumento da temperatura, que encurta o período de incubação extrínseco do vírus da dengue no vetor) parecem ser mais importantes (Burke & Monath, 2001). A relação entre a temperatura, a precipitação e as doenças transmitidas por vectores é cada vez mais considerada demasiado simplista (Hay *et al.*, 2002).As larvas do principal vetor *A. agypti* podem desenvolver-se até à idade adulta sob flutuações naturais de temperatura inferiores a 10°C, enquanto as larvas de *A. albopictus* podem sobreviver a temperaturas ainda mais baixas (Tsuda e Takagi, 2001). Por conseguinte, as duas espécies encontram-se entre 35°N e 35°S, o que corresponde aproximadamente a uma isoterma de inverno de 10°C (OMS, 1997).Como mostra a Figura 5, as partes do sul dos Estados Unidos e da Europa, bem como grandes partes da Austrália e da África, estão entre as áreas de risco para a futura transmissão da dengue. Um surto de dengue relatado no início de 2009 em Buenos Aires, Argentina (34°36'S), está muito próximo desta isoterma e é a área mais ao sul onde a dengue se espalhou.

3.7 Vetor e transmissão do vírus da dengue

Os vírus da dengue são considerados os arbovírus mais importantes e com maior impacto na saúde pública. São transmitidos aos seres humanos através da picada de um mosquito infetado do género *Aedes* (agora espécie Stegomya), principalmente *A. aegypti* ou *A. albopictus* (Figura 6) (Gubler, 1998; Burka e Monath, 2001).

As espécies mais importantes que desempenham um papel na transmissão de doenças aos seres humanos são as fêmeas de *A. aegypti* e *A. albopictus* (Gubler, 1998). *O A. albopictus* foi introduzido nos Estados Unidos e no Brasil a partir da Ásia em 1985 (Burke e Monath, 2001). *O A. aegypti*, o principal vetor, é um mosquito tropical pequeno, preto e branco, altamente domesticado, que prefere depositar os seus ovos em recipientes artificiais que se encontram dentro e à volta das casas, tais como vasos de flores, pneus velhos de automóveis, baldes que recolhem a água da chuva e lixo em geral (Gubler, 1998). Os mosquitos adultos preferem ficar dentro de casa, são discretos e preferem alimentar-se de seres humanos durante o dia. Há dois picos de atividade de picada: de manhã cedo, durante 2 a 3 horas após o amanhecer, e à tarde, durante várias horas antes do anoitecer. As fêmeas de *A.* aegypti alimentam-se muitas vezes de vários indivíduos durante uma única refeição de sangue e, se forem infecciosas, podem transmitir o vírus da dengue a vários indivíduos num curto espaço de tempo, mesmo que apenas sondem sem recolher sangue (Gubler, 1998).Foram documentados ciclos zoonóticos ou silváticos de transmissão do vírus da dengue envolvendo macacos e espécies florestais de Aedes na Malásia (Rudnick *et al.*, 1967), no Srilanka (De Silva *et al.*, 1999) e na África Ocidental. O vetor na Malásia é o *A. niveus*, na África Ocidental as espécies afectadas são o *A. furcifer*, o A. *taylori*, o *A. luteocephalus*, o *A. opok* e o *A. africanus*. Estudos experimentais documentaram a transmissão vertical do vírus da dengue em espécies de Aedes, tendo o vírus sido isolado de larvas de *A. aegypti* e de machos de *A.* furcifer-taylori recolhidos no terreno na África Ocidental (Burke e Monath, 2001).A transmissão vertical da fêmea do mosquito para a sua descendência é um mecanismo importante para a sobrevivência do vírus durante o inverno. O vírus infecta o trato genital da fêmea do mosquito de forma a poder entrar no ovo completamente desenvolvido através da micrópila no momento da fertilização ou da oviposição; este mecanismo permite a infeção de ovos maduros durante o primeiro ciclo ovárico

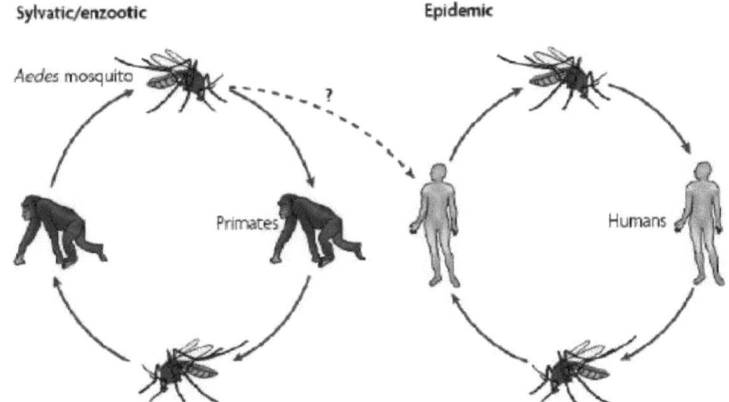

Figura 7: Ciclo de transmissão do DENV entre mosquitos e hospedeiros susceptíveis (Whitehead *et al.*, 2007)

A transmissão biológica dos flavivírus pelos artrópodes depende dos seguintes factores (Burke & Monath, 2001):

1. Ingestão de uma refeição de sangue contendo o vírus e infeção das células epiteliais do mesentério (intestino médio).
2. Fuga do vírus do epitélio do intestino médio para a hemocele.
3. Infeção da glândula salivar.
4. Secreção do vírus na saliva durante a realimentação de um hospedeiro vertebrado suscetível.

CAPÍTULO 3 PATOGÉNESE

Após uma picada de mosquito infecciosa, o vírus replica-se nos gânglios linfáticos locais e propaga-se através do sangue para vários tecidos no espaço de 2 a 3 dias. O vírus circula normalmente no sangue durante 4-5 dias em monócitos, células B e células T infectadas e replica-se durante vários dias mais em locais periféricos (Tsai, 2000). Quase todos os pontos são virémicos na altura da apresentação clínica com febre. O vírus é eliminado do sangue no prazo de um dia após o desaparecimento da febre (Vaugh *et al.*, 1997).

O mal-estar e os sintomas gripais típicos da dengue reflectem provavelmente a resposta do doente às citocinas; no entanto, a mialgia, uma das principais características da doença, pode também indicar alterações patológicas no músculo caracterizadas por um infiltrado mononuclear perivascular moderado com acumulação de lípidos e, em alguns casos, alterações mitocondriais, necrose muscular e aumento dos níveis de creatina fosfoquinase (Kuo, 1992). A dor músculo-esquelética (febre das fracturas ósseas) pode dever-se a uma infeção viral de elementos da medula óssea, incluindo células dendríticas (CD 11b/CD 18 [MAC-1]) positivas e células reticulares adventícias (positivas para o recetor do fator de crescimento nervoso) (Rothwell *et al.,* 1996). A supressão local da poiese eritrocítica, mielocítica e trombocítica em 4 a 5 dias reflecte-se em citopenias periféricas (Tsai, 2000).

O exame histopatológico da pele dos doentes com exantema revela um baixo nível de vasculite dérmica linfocítica e antigénios virais variáveis (Desruelles *et al*, 1997).

Foram encontrados níveis elevados de transaminases hepáticas em mais de 80% dos casos de dengue, sem qualquer relação com uma infeção concomitante por hepatite B ou C (Kuo, 1992).

Nos casos fatais, os achados histopatológicos assemelham-se aos da febre amarela ligeira precoce, com hipertrofia das células de Kupffer, balonismo focal e necrose dos hepatócitos numa distribuição zonal média com formação ocasional de corpos de Councilman, alterações gordas do tipo selvagem e uma resposta esparsa de células mononucleares periportais. Foi detectado um antigénio viral nos hepatócitos, nas células de Kupffer e nos endotélios (Tsai, 2000).

As complicações neurológicas são atribuídas a edema cerebral, alterações metabólicas e hemorragia intracraniana focal e por vezes maciça, mas casos isolados indicaram a possibilidade de invasão viral do SNC e encefalite (Lum *et al*, 1996).

CAPÍTULO 4 RESPOSTA IMUNITÁRIA

4.1 A hipótese da amplificação de anticorpos

Embora o aumento de anticorpos in vitro tenha sido relatado pela primeira vez na década de 1930, os primeiros estudos definitivos foram realizados por Hawkes várias décadas mais tarde (Stephenson, 2005). A hipótese do reforço de anticorpos foi formulada para explicar a constatação de que as manifestações graves de FHD/DSS ocorrem em crianças que são submetidas a uma segunda infeção pelo vírus da dengue com um serótipo diferente do da infeção anterior. Os anticorpos que apresentam reação cruzada com o serótipo de uma infeção anterior ligam-se aos viriões sem os neutralizar e aumentam a entrada do vírus nos monócitos. O número de monócitos infectados com o vírus aumenta. Consequentemente, o nível de ativação das células T aumenta significativamente, o que se deve ao aumento da apresentação de antigénios. Estas células T produzem citocinas como o IFN-D, a IL-2 e o TNF-a e lisam os monócitos infectados com o vírus da dengue. A cascata do complemento é activada por um complexo vírus-anticorpo e várias citocinas para libertar C3a e C5a, que também têm efeitos directos na permeabilidade vascular. Os efeitos sinérgicos do IFN-y, do TNF-a e das proteínas do complemento activadas desencadeiam a fuga de plasma das células endoteliais na infeção secundária pelo vírus da dengue (Whitehead *et al.*, 2007) (Figura 7).

Uma análise detalhada dos surtos em Cuba em 1977-79 e 1997 apoiou o papel da amplificação de anticorpos e indicou que pode influenciar a gravidade da doença até 20 anos após a infeção primária (Guzman *et al.*, 2000). No entanto, esta teoria deixa algumas questões por responder. Nem todos os casos de FHD/DSS são infecções secundárias. A ativação do complemento pode ser uma consequência da doença grave e não a causa da FHD/DSS. Mais importante ainda, a FHD desenvolve-se rapidamente, normalmente num período de horas, e resolve-se no espaço de 1-2 dias em doentes que recebem uma ressuscitação adequada com fluidos. Normalmente, não se registam sequelas reconhecíveis. Este cenário não é facilmente conciliável com os efeitos destruidores de tecidos conhecidos das citocinas inflamatórias. A viremia elevada está correlacionada com a ocorrência de FHD e DSS, bem como com infecções secundárias por vírus heterotípicos (Stephenson, 2005). Estudos de coorte realizados por Endy *et al.* (2004) também sublinham que a patogénese da dengue é um processo multifatorial (Endy *et al.*, 2004). Além disso, as crianças no primeiro ano de vida que adquiriram anticorpos materiais com propriedades de reforço de anticorpos apresentam FHD com uma resposta imunitária primária (Halstead, 1982).

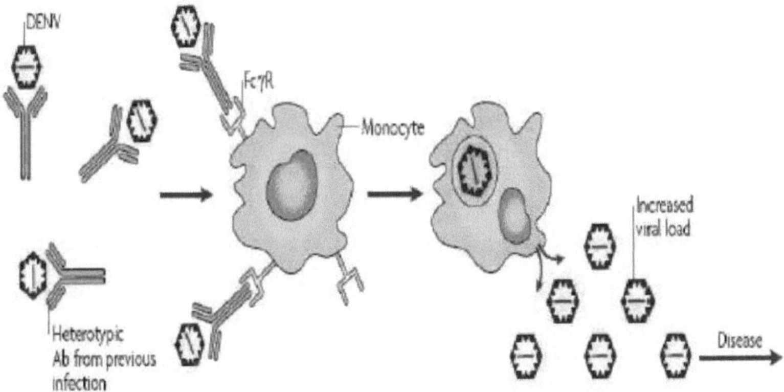

Figura 8: Modelo de reforço dependente de anticorpos (ADE) da replicação do vírus da dengue (Fonte: Figura de Whitehead *et al.*, 2007)

4.2 Papel dos genótipos ou estirpes do vírus na FHD ou na DSS

As análises de genótipos individuais dentro de uma única população forneceram poucas provas de que os isolados de pacientes com dengue diferem dos isolados de pacientes com FHD ou DSS, embora tenham sido relatadas excepções (Stephenson, 2005). Uma pessoa pode contrair a infeção por dengue quatro vezes durante a sua vida, uma vez para cada um dos quatro serotipos de DENV. Tanto as infecções primárias (primeiras) como as secundárias (subsequentes) com qualquer serótipo de DENV podem resultar em FD clinicamente menos grave ou em FHD mais grave (Rosen, 1987). A infeção primária por dengue confere imunidade vitalícia ao serotipo infetante e uma breve proteção contra a infeção por outros serotipos de DENV no doente recuperado (Sabin, 1955). No entanto, os dados epidemiológicos e alguns estudos indicam que a imunidade assim adquirida desaparece novamente após a expiração da proteção temporária contra os serótipos cruzados. Uma hipótese para explicar este fenómeno, conhecida como reforço dependente de anticorpos (ADE), pressupõe que os anticorpos sub-neutralizantes pré-existentes da infeção primária e do segundo serótipo infetante do DENV formam complexos que se ligam a células portadoras do recetor Fcy (FCYR) (monócitos e células B), levando a um aumento da captação e replicação do vírus (Halstead, 1988). Um estudo efectuado por Dash *et al.* (2006) sugere que o principal surto de dengue no norte da Índia em 2003 e 2004 foi causado pelo vírus da dengue de tipo 3 (subtipo III). A reemergência do subtipo altamente letal DEN-3 numa forma dominante, que substituiu o subtipo IV DEN-2 anteriormente em circulação na Índia, pode ser a causa do aumento da FHD e da DSS (Dash PK *et al.,* 2006).

4.3 O papel da autoimunidade

As reacções auto-imunes podem estar envolvidas na patogénese da febre de dengue. Os doentes com dengue produziram anticorpos que reagem de forma cruzada com plaquetas humanas e células endoteliais (Lin *et al.*, 2001). O anti-NS-1 produzido após a infeção por dengue pode ser, pelo menos parcialmente, responsável pela reatividade cruzada dos soros dos doentes com as células endoteliais (Lin *et al.*, 2004).

Estudos demonstraram que as concentrações de anticorpos anti-células endoteliais eram semelhantes em manchas infectadas com diferentes serotipos de dengue. A percentagem de células endoteliais que foram reactivas com soros de manchas de DHF/DSS foi mais elevada do que com soros de manchas de febre de dengue.

4.4 O papel das células T

Rothman e Ennis (Rothman & Ennis, 1999; Chaturvedi *et al.*, 2000) propuseram um mecanismo em que a ativação das células T está envolvida na fuga de plasma. Os complexos vírus-anticorpo ligam-se aos receptores Fcy nos macrófagos ou monócitos e interagem com estas células apresentadoras de antigénios e com as células T de memória.

induz a proliferação e a produção de citocinas pró-inflamatórias, como o TNFY e o TNFa, que podem ter um efeito direto nas células endoteliais vasculares, levando à fuga de plasma (Figura 9).

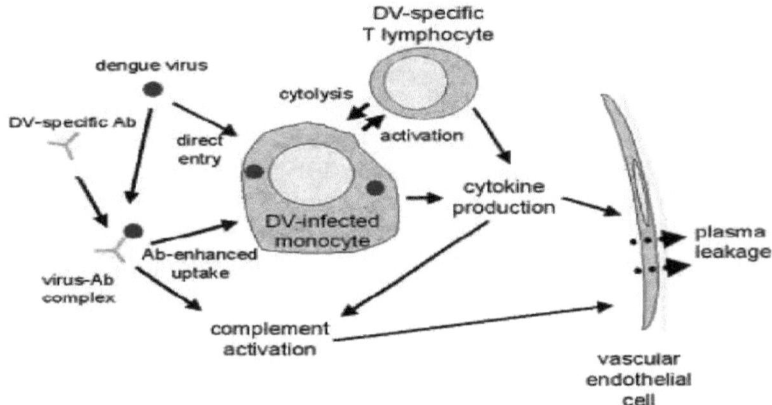

Figura 9: Modelo da imunopatogénese mediada por células T na FHD que conduz à fuga de plasma (http://www.umassmed.edu/cidvr/faculty/rothman.cfm)

A rápida indução de células T de memória com reação cruzada (principalmente específicas de NS-3) durante a infeção secundária estaria associada a um aumento da incidência de FHD e DSS. Este modelo prevê que os doentes com FHD apresentariam níveis mais elevados de citocinas séricas pró-inflamatórias, como IFNy, IL-1e, IL8 e TNFa, e de citocinas anti-inflamatórias, como IL6, IL10 (Chaturvedi *et al.,* 2000), STNFRI e STNFRII. Os radicais livres não só matam as células-alvo por apoptose, como também aumentam diretamente a produção de citocinas pró-inflamatórias, interleucina (IL)-1a, TNFa, IL-8 e peróxido de hidrogénio nos macrófagos. Ao alterar as quantidades relativas de IL-12 e TGFa, uma resposta Thl dominante muda para uma respostaResposta Th2 numa exacerbação da doença da dengue e morte (Green *et al.*, 1999).A permeabilidade vascular aumenta como resultado dos efeitos combinados de citocinas pró-inflamatórias, histamina e radicais livres (produzidos por monócitos infectados com o vírus da dengue), levando a um aumento da gravidade da doença. O vírus da dengue replica-se nos macrófagos e induz rapidamente as células T CD4 a produzirem hCF (uma citocina única, sem nome). A hCF induz os macrófagos a produzirem radicais livres, nitrito, oxigénio reativo e peróxido, nitrito (Misra *et al.*, 1996).Recentemente, foi descrita uma terceira linha de células T auxiliares CD4+, as células Th17, que segregam principalmente IL-17. As células T CD4+ nativas diferenciam-se em células Th17 em resposta a sinais combinados do fator de crescimento transformador (TGF)-beta, IL-6, IL-21, IL-1 beta e IL-23. Foi sugerida uma ligação entre a autoimunidade e a patogénese da febre de dengue (Gupta e Chaturvedi, 2009).

CAPÍTULO 5 CARACTERÍSTICAS CLÍNICAS

A dengue é uma doença viral febril aguda causada pela infeção com um dos quatro serótipos do vírus da dengue (DEN-1, DEN-2, DEN-3 e DEN-4), que estão estreitamente relacionados em termos antigénicos (Henchal *et al*, 1990). A maioria das infecções por dengue é assintomática, enquanto as restantes resultam num amplo espetro de doença que varia em termos de gravidade, desde uma febre ligeira e indiferenciada, ou seja, a febre clássica do dengue (DF), até às complicações potencialmente fatais conhecidas como febre hemorrágica do dengue (FHD) e síndrome de choque do dengue (SCD) (Gubler, 1998) (Figura 10).

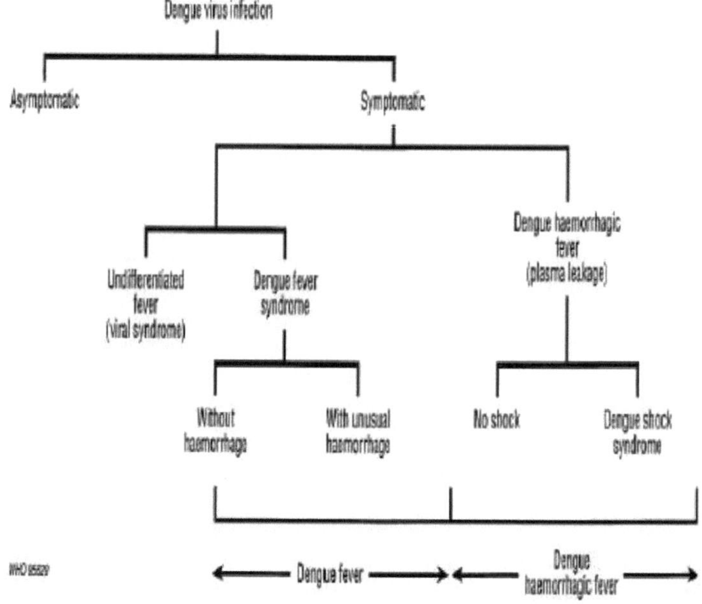

Figura 10 Figura 10: Manifestações da infeção pelo vírus da dengue (Fonte: Figura da OMS, 1997)

A DF clássica é principalmente uma doença de crianças mais velhas e adultos. É menos provável que estes apresentem sintomas (Gibbons *et al.,* 2002). A doença começa abruptamente, tipicamente com febre alta (a febre pode durar 2 a 7 dias e baixar após alguns dias, apenas para subir novamente 12 a 24 horas mais tarde (dorso em sela) (Gubler, 1998)), dor de cabeça intensa, mialgia e artralgia debilitantes, náuseas e vómitos e erupção cutânea. Erupção cutânea tipicamente macular ou maculopapular, que frequentemente se torna confluente e poupa pequenas ilhas de pele normal, outros sinais e sintomas incluem rubor facial, dor de garganta, tosse, hiperestesia cutânea, alterações do paladar (Innis, 1995).

6.2 Febre hemorrágica da dengue (FHD)-síndrome de choque da dengue (SCD) A FHD, a forma grave da dengue, caracteriza-se por perda de plasma, trombocitopenia (contagem baixa de plaquetas) e manifestações hemorrágicas. A FHD

é devida a um aumento da permeabilidade vascular, presumivelmente causado por citocinas libertadas quando as células T atacam as células infectadas com dengue (Halstead, 2007). A forma mais grave da doença da dengue é a DSS, na qual ocorrem todos os sintomas da dengue clássica e da FHD, mas também dor abdominal grave e persistente, vómitos persistentes, inquietação ou letargia, uma mudança súbita de febre para hipotermia com sudação e exaustão, e choque devido a uma pressão arterial extremamente baixa (Rigau-Perez *et al.,* 1998). Depois de um doente ter sido infetado com o vírus da dengue através da picada de um mosquito fêmea infetado, segue-se um período de incubação, que pode durar entre 3 e 14 dias. O doente entra então na fase da febre dolorosa, durante a qual a viremia atinge o seu pico. A viremia termina 5 a 7 dias após o início da febre e coincide com a fecundação. A DHF/DSS desenvolve-se normalmente por volta desta altura e é crucial uma observação mais intensiva da doente. Se a FHD se desenvolver, o doente pode entrar rapidamente em choque e morrer dentro de 12 a 24 horas se não for tratado. Depois de a doença ter diminuído, o diagnóstico laboratorial baseia-se na deteção de anticorpos IgG e IgM (OMS, 2007). A evolução da doença na dengue é apresentada esquematicamente na Figura 11.

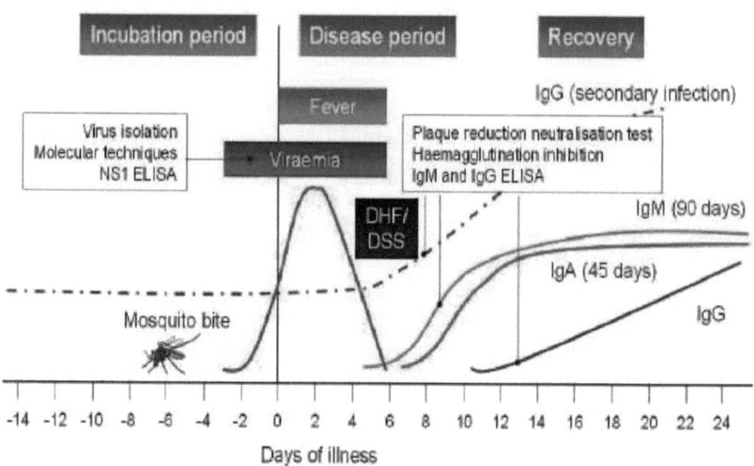

Figura 11: Progressão da infeção por dengue e o momento e as possibilidades dos procedimentos de diagnóstico. (Crédito: OMS, 2007)

As crianças em estado de choque estão frequentemente sonolentas, têm petéquias na face e cianose perioral. A duração do choque é geralmente curta; o doente pode morrer dentro de 8 a 24 horas, mas a recuperação é invulgarmente rápida após a terapia anti-choque. A hepatomegalia é comum mas não constante (Sumarno *et al.,* 1983). São comuns níveis elevados de enzimas hepáticas. As manifestações hepáticas das infecções pelo vírus da dengue são bem reconhecidas e foram notificados casos de insuficiência hepática aguda (IHA) com sinais de infeção por dengue (Kumar R *et al,* 2008). As manifestações raras da infeção incluem hemorragia grave, iterícia, parotidite e cardiomiopatia (Gibbons & Vaughn, 2002). As manifestações neurológicas invulgares incluem mononeuropatias, polineuropatias, encefalite e mielite transversa (Soloman *et al.,* 2000). A síndrome GB tem sido associada ao dengue (Gautlier *et al.*, 2000). A encefalopatia febril aguda ocorre ocasionalmente e pode ser causada por edema cerebral, hemorragia cerebral, insuficiência hepática e desequilíbrio eletrolítico (Kumar *et al.,* 2008).

Evolução da doença

A febre de dengue/DHF tem uma evolução imprevisível. A maioria dos doentes tem uma fase febril que dura 2-7 dias. Segue-se uma fase crítica que dura cerca de 2-3 dias. Durante esta fase, o doente está febril e corre o risco de desenvolver FHD/DSS, que pode ser fatal se não for tratada rápida e adequadamente.

Os antipiréticos podem ser indicados em doentes com hiperpirexia, especialmente em doentes com antecedentes de convulsões febris. Os salicilatos devem ser evitados, uma vez que podem causar hemorragia e acidose ou desencadear a síndrome de Reye ou uma síndrome do tipo Reye. O paracetamol é preferível para reduzir a febre (OMS, 1997). Os doentes devem ser monitorizados de perto para detetar sinais de choque. A fase crítica é a transição da fase febril para a fase não febril da doença, que ocorre normalmente após o terceiro dia. A determinação do hematócrito é um guia importante para a terapêutica durante esta fase (OMS, 1997). Um aumento do hematócrito superior a 20% indica uma perda significativa de volume intravascular e a necessidade urgente de reanimação com fluidos (Tsai, 2000). O hematócrito deve ser medido diariamente a partir do terceiro dia de doença até a febre do doente ter diminuído durante 1 a 2 dias (OMS, 1997). Se não for possível efetuar uma determinação do hematócrito, pode ser efectuada uma determinação da hemoglobina, embora esta seja menos sensível (OMS, 1997). Com uma ingestão suficiente e adequada de líquidos, a DSS é rapidamente reversível. A reanimação rápida e precoce após o choque e a correção das perturbações metabólicas e electrolíticas previnem a coagulação intravascular disseminada. É administrada solução salina normal para manter a circulação e sob monitorização constante se o choque se repetir. O choque exige uma intervenção rápida com soluções cristalóides isotónicas ou, se necessário, transfusões de plasma ou de sangue total (Tsai, 2000). Podem ser necessárias transfusões de sangue total, plaquetas e plasma fresco em casos de hemorragia significativa (Tsai, 2000).

Complicações

As complicações e sequelas das infecções pelo vírus da dengue são raras, mas podem incluir as seguintes:

Cardiomiopatia

□ Encefalopatia e encefalite viral

□ Lesão hepática

Embora raros, foram notificados numerosos casos de transmissão vertical do vírus da dengue de uma mãe infetada para o seu recém-nascido, levando à febre da dengue e à febre hemorrágica da dengue e/ou à síndrome do choque da dengue.

Previsão

Com medidas de apoio adequadas, o prognóstico é excelente; a maioria dos doentes não desenvolve doenças secundárias.

Prevenção e controlo

Existem apenas opções limitadas para a prevenção e o controlo das infecções por DENV. Ainda não existe uma vacina para os seres humanos, pelo que a única forma de prevenir as infecções por DENV consiste em controlar o contacto com os mosquitos vectores. Por outro lado, a prevenção das infecções por DENV tornou-se urgente, dada a ampla distribuição geográfica e a elevada incidência da doença.

Controlo dos mosquitos

A prevenção e o controlo do DENV assentam atualmente no controlo do mosquito vetor, mas esta opção tem várias limitações. O meio mais eficaz de controlar o *A. aegypti é a* gestão ambiental. Esta deve incluir o planeamento, a organização, a aplicação e a monitorização de medidas destinadas a modificar ou influenciar os factores ambientais e a impedir ou reduzir a propagação dos vectores e o contacto entre os seres humanos e os vectores (OMS, 1997). A melhoria do abastecimento e armazenamento de água, a gestão dos resíduos sólidos e a modificação dos habitats artificiais das larvas são métodos que devem ser utilizados para a gestão ambiental. Uma questão importante no controlo do vetor é a destruição, modificação e remoção ou reciclagem de habitats larvares artificiais e naturais em cada comunidade. A eliminação do *A. aegypti* pode ser conseguida através da remoção dos locais de reprodução, da utilização de larvicidas e da pulverização perifocal com insecticidas. A pulverização com insecticidas só é eficaz quando aplicada dentro de casa (Gubler *et al.,* 1989). A forma mais eficaz de controlar os mosquitos é remover ou limpar os recipientes de água que servem de habitat para as larvas de *A. aegypti* no ambiente doméstico (Gubler *et al.,* 1989). É muito importante que todos os programas utilizados para o controlo dos mosquitos sejam sustentáveis. Depois de o mosquito ter sido eliminado e a transmissão do DENV ter sido controlada, é importante que o vetor permaneça sob controlo. Se a sustentabilidade não for assegurada, o vetor reaparecerá rapidamente e, com ele, a transmissão da doença, que poderá então atingir proporções epidémicas. O "padrão de ouro" no controlo do *A. aegypti* incluiria um programa regional sólido para reduzir a fonte de larvas e o envolvimento a nível comunitário para manter esses programas (OMS, 1997).

Desenvolvimento de uma vacina

Devido ao grande impacto que as infecções por DENV têm na saúde pública e ao facto de a prevenção através do controlo dos vectores ser difícil de alcançar, o desenvolvimento de uma vacina contra o DENV é essencial para o controlo a longo prazo e a eliminação das infecções por DENV. Já existem vacinas para outros flavivírus estreitamente relacionados, como a febre amarela, a encefalite japonesa e os vírus da encefalite transmitida por carraças, mas ainda não foi desenvolvida uma vacina segura e eficaz para o DENV. As características únicas do DENV, nomeadamente a presença de quatro serotipos estreitamente relacionados, mas antigenicamente distintos, e a observação de que a infeção subsequente com um serotipo diferente pode ter uma maior gravidade, tornaram o desenvolvimento de uma vacina segura e eficaz contra a infeção por DENV uma tarefa difícil. Estudos epidemiológicos demonstraram que os anticorpos são o mecanismo de proteção mais importante contra a infeção por DENV; por conseguinte, as respostas dos anticorpos são utilizadas como o "padrão de ouro" para avaliar a eficácia de uma vacina candidata contra o DENV (Henchal e Putnak 1990; Brandt, 1988). Por outro lado, a teoria mais amplamente aceite da patogénese das infecções graves por DENV, a "hipótese ADE", tornou o desenvolvimento de vacinas contra o DENV um desafio. Para ser consistente com esta teoria, uma vacina candidata contra o DENV deve ser capaz de induzir anticorpos protectores em doses elevadas contra todos os quatro serótipos do DENV para proteger contra a infeção por DENV e evitar o risco de indução de FHD/DSS. No entanto, a fronteira entre a imunidade protetora e a imunidade promotora de doença não está bem definida. Além disso, a falta de um modelo animal adequado de doença associada ao DENV para testar vacinas candidatas complica o desenvolvimento e a avaliação de vacinas contra o DENV (Cardosa, 1998). As abordagens actuais ao desenvolvimento de vacinas contra o DENV incluem vacinas vivas atenuadas, vacinas mortas, subunidades e vacinas candidatas de ADN (Eckels e Putnak, 2003; Chambers *et al.*, 1997) (Quadro 7). O grupo da Universidade de Mahidol, na Tailândia, e o Walter Reed Army Institute of Research, nos EUA, desenvolveram vacinas candidatas contra o DENV tetravalentes atenuadas (Bhamarapravati e Sutee 2000; Eckels *et al,* 2003). A atenuação do vírus foi conseguida através de passagens em série do vírus em células primárias de rim canino (DENV 1, 2 e 4) ou em células primárias de rim de macaco verde africano (DENV-3), de acordo com a hipótese de Sabin e Schlesinger (Sabin e Schlesinger, 1945). O historial de passagem das vacinas monovalentes individuais difere entre as preparações dos vários institutos. As formulações monovalentes, bivalentes e tetravalentes da vacina produzida na Universidade de Mahidol foram testadas e avaliadas em voluntários tailandeses adultos, enquanto uma formulação tetravalente foi testada em crianças tailandesas. Os ensaios clínicos com estas formulações vacinais mostraram que as vacinas eram imunogénicas e tinham um nível aceitável de reacções adversas (Kanesa-Thasan *et al,* 2001; Sabchareon *et al*, 2002). A formulação da vacina testada no ensaio clínico de Mahidol University, embora tenha demonstrado ser imunogénica em ensaios clínicos com voluntários americanos adultos, tem sido associada a um aumento da reactogenicidade (Sanchez *et al,* 2006). As investigações em curso irão revelar as causas destas reacções adversas à vacinação.

Quadro 7: Resumo das vacinas candidatas contra o DENV que provaram ser imunogénicas nos respectivos animais de teste

Type of vaccine	Virus/Antigen	Tested in animals	Clinical status
Whole virus inactivated	DENV-2	Mice, non-human primates	Phase I
Subunit	DENV-2 Domain III part of NS1	Mice	
Subunit	DENV-2 E protein	Mice	
Subunit	DENV-2 E protein	Non-human primates	
Subunit	DENV-4 C-M-E-NS1	Mice, non-human primates	
DNA	DENV-2 NS1	Mice	
Live attenuated	DENV-2	Non-human primates	
Live attenuated	tetravalent	Non-human primates	Phase I

Foram feitas tentativas para desenvolver vacinas de subunidades contra a infeção por DENV, embora as vacinas de subunidades sejam consideradas pouco imunogénicas e provoquem baixas respostas de anticorpos e células T. As proteínas recombinantes E e NS-1 do DENV foram produzidas utilizando um sistema de expressão de baculovírus e testadas em ratos com diferentes graus de sucesso (Zhang *et al,* 1988; Smucny *et al,* 1995; Qu *et al,* 1993). A pureza das proteínas recombinantes a utilizar nas vacinas de subunidades é um problema que tem de ser resolvido.

CAPÍTULO 8 CONCLUSÃO

A dengue é a segunda doença mais importante transmitida por artrópodes depois da malária, com uma estimativa de 100 milhões de casos de dengue, 500.000 casos de FHD e 25.000 mortes por ano (OMS 2008).
Historicamente, as crianças têm sido as mais afectadas pela doença e a dengue grave tem sido uma das principais causas de hospitalização e de morte entre as crianças em vários países do Sudeste Asiático (Kyle e Harris, 2008).
A infeção pelo vírus da dengue é conhecida na Índia desde o século passado e a doença é endémica no subcontinente. Todos os 4 serotipos do vírus ocorrem na Índia. Recentemente, registaram-se grandes epidemias em Calcutá (Banik, 1994), Deli (Ramji, 1996; Aggarwal *et al.*, 1998) e Chennai (Narayanan *et al.*, 2002). Em 2003, registou-se um surto de dengue em Lucknow e nas zonas circundantes de Uttar Pradesh, na Índia (Gupta *et al.*, 2010). Em 2006, registou-se também um ressurgimento de casos de dengue em Lucknow e arredores.
Embora os quatro serotipos do vírus da dengue tenham sido isolados de diferentes partes da Índia, o DENV-1 e o DENV-3 são considerados os serotipos predominantes que circulam no norte da Índia (Gupta *et al.*, 2006). Além disso, o conhecimento do serótipo circulante permite a preparação para epidemias e o desenvolvimento de vacinas (Maneekarn *et al*, 1993; Wang *et al*, 2003).
O diagnóstico laboratorial de rotina da infeção pelo vírus da dengue envolve frequentemente a deteção de anticorpos anti-vírus da dengue por ELISA, método convencional, ou seja, o isolamento do vírus em cultura de tecidos ou no mosquito, seguido de RT-PCR, tecnologia de PCR em tempo real. Esta tecnologia pode ser quantitativa e utilizada para seguir o curso da infeção em doentes gravemente afectados com suspeita de FHD/SSD.

AGRADECIMENTOS
Este livro é inteiramente dedicado à filha dos autores **(Aradhaya Dwivedi/Pari; Misthi; Puchu)** e à **imprensa académica.**

REFERÊNCIAS

Agarwal R, Kapoor S, Nagar R, Misra A, Tandon R, Mathur A, Misra AK, Srivastava KL, Chaturvedi UC. A clinical study of patients with DHF during the 1996 epidemic in Lucknow, India (Um estudo clínico de pacientes com FHD durante a epidemia de 1996 em Lucknow, Índia). South East Asian J Trop Med Pub Health.1999; 30:735- 740.

Aggarwal A, Chandra J, Aneja S, Patwari AK e Dutta AK. An epidemic of dengue haemorrhagic fever and dengue shock syndrome in children in Delhi. Indian Pediatr.1998; 35: 727-30.

A-Nuegoonpipat A, Berlioz-Arthaud A, Chow V, Endy T, Lowry K, Mai le Q, Ninh TU, Pyke A, Reid M, Reynes JM, Su Yun ST, Thu HM, Wong SS, Holmes EC e Aaskov J. Transmissão sustentada do vírus da dengue tipo 1 no Pacífico devido a introduções repetidas de diferentes estirpes asiáticas. Virologia. 2004; 329:505-512.

Aviles G, Meissner J, Mantovani R e St. Jeor S. Seqüências completas de codificação dos vírus dengue-1 do Paraguai e da Argentina. Virus Res. 2003; 98:75-82. Aviles G, Rowe J, Meissner J, Manzur Caffarena JC, Enria D, St Jeor S. Phylogenetic relationships of dengue-1 viruses from Argentina and Paraguay. Arch Virol. 2002; 147:2075-87.

Balasubramanian S, Janakiraman L, Kumar SS, Muralinath S, Shivbalan S. A Reappraisal of the Criteria to Diagnose Plasma Leakage in Dengue Hemorrhagic Fever. Indian Pediatr. 2006; 43: 334-339.

Balmaseda A, Sandoval E, Perez L, Gutierrez CM e Harris E. Aplicação de técnicas de tipagem molecular à epidemia de dengue de 1998 na Nicarágua. Am J

Trop Med Hyg. 1999; 61(6): 893-897. Bandyopadhyay S, Jain DC, Datta KK.Reported incidence of dengue/ DHF in India 1991-1995. dengue Bulletin. 1996; 20:33-34.

Bandyopadhyay S, Lum LCS, Kroeger A. Classifying dengue: a review of the difficulties in using the WHO case classification of dengue hemorrhagic fever. Trop Med International Health. 2006; 11: 1238-1255.

Banik GB. Dengue haemorrhagic fever in Calcutta. Indian Pediatr. 1994; 31: 685-89.

Bhamarapravati N, Sutee Y. Vacina viva atenuada tetravalente contra a febre do dengue. Vaccine. 2000; 2:44-7.

Bharaj P, Chahar HS, Pandey A, Diddi K, Dar L, Guleria R, Kabra SK, Broor S. Infecções simultâneas pelos quatro serotipos do vírus da dengue durante um surto de dengue em 2006 em Deli, Índia. Virol J. 2008; 5:1-5.

Bhattacharya D., Mittal V, Bhardwaj M., Chhabra, Ichhpujani MRL e Lal S. Serosurveillance in Delhi, India. Um sinal de alerta precoce para a deteção atempada de surtos de dengue. Dengue bulletin.2004; 28:207-209.

Bhutta ZA, Mansurali N. Rapid serologic diagnosis of pediatric typhoid fever in an endemic area: a prospective comparative evaluation of two dot-enzyme immunoassays and the Widal test. Am J Trop Med Hyg. 1999; 61:654-7.
Biedrzycka A, Cauchi MR et al. Characterisation of protease cleavage sites involved in the formation of the envelope glycoprotein and three nonstructural proteins of dengue type-2, New Guniea C strain. J Gen Virol.1987; 68:13171326.
Brandt WE. Da Organização Mundial da Saúde. Abordagens actuais para o desenvolvimento da vacina contra a dengue e aspectos relacionados com a biologia molecular dos flavivírus. J Infect Dis. 1988; 157:1105-11.
Broor S, Dar L, Sengupta S, Chakaraborty M, Wali JP, Biswas A, Kabra SK, Jain Y, Seth P. Recent dengue epidemic in Delhi, India. In Factors in the Emergence of Arbovirus diseases. Elsevier Science.1997;123-127.
Burke DS & Monath TP. Flavivírus. "Fields Virology, 4ª ed. 2001.
Calisher CH, Karabatsos N, Dalrymple JM, Shope RE, Porterfield JS, Westaway EG e Brandt WE . Relações antigénicas entre flavivírus determinadas por ensaios de neutralização cruzada com anti-soros policlonais. J Gen Virol. 1989; 70:37-43.
Cardosa MJ. Desenvolvimento de vacinas contra a dengue: Questões e desafios. Br Med Bull. 1998; 54:395-405.
Carlos CC, Oishi K, Cinco MTDD, Mapua CA, Inoue S, Cruz DJM, Pancho MAM, Tanig CZ, Matias RR, Morita K, Natividad FF, Igarashi A, Nagatake T. Comparação das características clínicas e das anomalias hematológicas entre a febre do dengue e a febre hemorrágica do dengue em crianças nas Filipinas. Am. J. Trop. Med. Hyg. 2005; 73: 435-440.
Carme B, Matheus S, Donutil G, Raulin O, Nacher M, and Morvan J. Concurrent Dengue and Malaria in Cayenne Hospital, French Guiana. Doenças Infecciosas Emergentes. 2009; 15:668-71.
Chambers TJ, Hahn CS, Galler R e Rice CM. Organização, expressão e replicação do genoma do flavivírus. Annu Rev Microbiol. 1990; 44:649688.
Chambers TJ, Tsai TF, Pervikov Y, Monath TP. Desenvolvimento de vacinas contra o dengue e a encefalite japonesa: relatório de uma reunião da Organização Mundial de Saúde. Vaccine. 1997; 15:1494-502.
Chaturvedi UC & Nagar R. Dengue and dengue haemorrhagic fever: Indian perspective. Journal of Biosciences.2008; 33:429-441.
Chaturvedi UC, Kapoor AK, Mathur A, Chandra D, Khan AM, Mehrotra RM. Estudo clínico e epidemiológico de uma epidemia de doença febril com manifestação hemorrágica ocorrida em Kanpur em 1968. Boletim da OMS.1970; 43: 281-287.
Chaturvedi UC, Elbishbishi EA, Agarwal R, Mustafa AS. Anticorpos de

factores citotóxicos: possível papel na patogénese da FHD. FEMS Immunol and Med Micr. 2000; 28:183-188.

Chungue E, Deubel V, Cassar O, Laille M and Martin PM Molecular epidemiology of dengue 3 viruses and genetic relatedness between dengue 3 strains isolated from patients with mild or severe forms of dengue fever in French Polynesia. J Gen Virol. 1993; 74:2765-2770.

Dar L, Broor S, Sengupta S, Xess I, Seth P. The first major outbreak of dengue hemorrhagic fever in Delhi, India. Emerg Infect Dis .1999; 5:589-590.

Dar L, Gupta E, Narang P, Broor S: Circulação de serotipos de dengue, Deli, Índia, 2003 Emerg Infect Dis 2006; 12:352-3.

Dhar S, Malakar R, Ghosh A, Kundu R, Mukhopadhyay M, Banerjee R. The recent epidemic of dengue fever in West Bengal: Clinico-serological pattern. Indian J Commun Dis. 2006;51:57-59.

Dash PK, Parida MM, Saxena P, Abhyankar A, Singh CP, Tewari KN, Jana AM, Sekhar K, Rao PVL. Reemergência do vírus da dengue tipo 3 (subtipo III) na Índia: implicações para o aumento da incidência de DHF e DSS. Virol J. 2006; 3:55:1-10.

Dash PK, Parida MM, Saxena P, Kumar M, Rai A, Pasha ST e Jana AM. Emergência e circulação persistente de estirpes do vírus da dengue 2 (genótipo IV) no norte da Índia. J Med Virol. 2004;74:314-22.

Dash PK, Saxena P, Abhyankar A, Bhargava R, Jana AM: Incidência do vírus da dengue tipo 3 no norte da Índia. Southeast Asian J Trop Med Public Health. 2005; 36:370-377.

Da Silva VO, Da Costa RT, Reis AB, Mayrink W, Genaro O, Palatnik-de-Sousa CB. Provas serológicas de uma epizootia do vírus da dengue que infecta macacos-toupeira (Macaca sinica) em Polonnaruwa, Sri Lanka. Am. J. Trop. Med. Hyg.1999; 60:300-306.

Deen JL, Harris E, Wills B, Balmaseda A, Hammond S N, Rocha C, Dung NM, Hung NT, Hien TT, Farrar JJ. The WHO dengue classification and case definitions: time for reassessment. Lancet. 2006; 368: 170-173.

Desruelles F, Lamaury I, Roudier M, Goursaud R, Mahe A, Castanet J, Strobel M. Cutaneo-mucous manifestations of dengue. Ann Dermatol Venereol.1997; 124:237-41.

Deubel, V., e Pierre V. Técnicas moleculares para a deteção e o diagnóstico rápidos e mais sensíveis dos flavivírus. 1994; 227-237.

Domingo C, Palacios G, Jabado O, Reyes N, Niedrig M, Gascon J, et al. Utilização de um fragmento curto do gene C-terminal E para a deteção e caraterização de duas novas linhagens do vírus da dengue 1 na Índia. J Clin Microbiol. 2006; 44:151929.

Eckels KH, Putnak R. Vírus inteiros inactivados com formalina e

subunidades recombinantes de vacinas contra flavivírus. Adv Virus Res. 2003; 61:395-418.
Endy TP, Nisalak A, Chunsuttitwat S, Vaughn DW, Green S, Ennis FA, et al. Relationship of pre-existing dengue virus (DV) neutralising antibody levels to viraemia and severity of disease in a prospective cohort study of DV infection in Thailand. Journal of Infectious Diseases. 2004; 189:990-1000.
Endy TP, Nisalak A, Chunsuttiwat S, Libraty DH, Green S, Rothman AL, Vaughn DW, Ennis FA. Spatial and temporal distribution of dengue virus serotypes: a prospective study of primary school children in Kamphaeng Phet, Thailand. Am J Epidemiol. 2002; 156:52-9. Foster JE, Bennett SN, Vaughan H, Vorndam V, McMillan WO e Carrington CV. Molecular evolution and phylogeny of dengue virus type 4 in the Caribbean. Virologia. 2003; 306:12634.
Gautlier C, Angibaud G, Laille M, Lacassin F. Provável síndrome de Miller-Fisher na febre do dengue 2 Rev Neurol. 2000; 156:169-71.
Gibbons RV e Vaughn DW. Dengue fever an escalating problem. British Medical Journal. 2002; 324:1563-1566.
Goh KT, Ng SK, Chan YC, Lim SJ, Chua EC. Epidemiological aspects of an outbreak of dengue/haemorrhagic dengue fever in Singapore. Southeast Asian J Trop Med Public Health.1987; 18:295-302.
Gomber S, Ramachandran VG, Kumar S, Agarwal KN, Gupta P, Dewan DK. Haematological observations as diagnostic markers in DHF - a reappraisal. Indian Pediatr. 2001; 38: 477-481.
Goncalvez AP, Escalante AA, Pujol FH, Ludert JE, Tovar D, Salas RA e Liprandi F Diversidade e evolução do gene do envelope do vírus da dengue tipo 1. Virologia. 2002; 303:110-119.
Green, S., Vaughn, D.W., Kalayanarooj, S., Nimmannitya, S., Suntayakorn, S., Nisalak, A., Rothman, A.L., Ennis, F.A. Elevated plasma interleukin levels in acute dengue correlate with disease severity. J. Med. Virol. 1999; 59, 329-334.
Gubler DJ and Clark GG .Dengue/Dengue Hemorrhagic Fever: the emergence of a global health problem. Emer Infec Dis. 1995; 1:55-57.
Gubler DJ, Kuno G, Sather GE, Waterman SH. Um caso de infeção humana natural simultânea com dois vírus da dengue. Am J Trop Med Hyg. 1985; 34:170 - 3.
Gubler DJ. Aedes aegypti and the control of Aedes aegypti-borne diseases in the 1990s: top down or bottom up. Palestra de Charles Franklin Craig. Am J Trop Med Hyg. 1989; 40:571-8.
Gubler DJ. Dengue fever and dengue haemorrhagic fever. Clin Microbiol Rev.1998; 11:480- 96.

Guha-Sapir D, Schimmer B. Dengue: novos paradigmas para uma epidemiologia em mudança. Temas Emergentes Epidemiol. 2005; 2:2:1.
Gupta E, Dar L, Kapoor G e Broor S. The changing epidemiology of dengue in Delhi, India. Virol J. 2006; 5:92.
Gupta N, Chaturvedi UC. Poderão as células auxiliares T-17 desempenhar um papel na febre hemorrágica do dengue? Indian Journal of Medical Research. 2009;130:5-8.
Gupta P, Khare V, Tripathi S, Nag V L , Kumar R, Khan M Y, Dhole T N. Assessment of World Health Organisation definition of dengue hemorrhagic fever in North India J Infect Dev Ctries. 2010; 4: 150-5.
Gurukumar KR, Priyadarshini D, Patil JA, Bhagat A, Singh A, Shah PS e Cecilia D. Desenvolvimento de PCR em tempo real para deteção e quantificação do vírus da dengue. Virol J. 2009; 23: 6-10.
Guzman MG Guzman MG, Kouri G. e Kouri G. Dengue: uma atualização. The Lancet Infectious Diseases. 2002; 2: 33-42.
Guzman MG, Deubel V, Pelegrino JL, Rosario D, Marrero M, Sariol C e Kouri G. Sequências parciais de nucleotídeos e aminoácidos do envelope e da proteína 1 do envelope/não estrutural de quatro estirpes do vírus da dengue 2 isoladas durante a epidemia cubana de 1981. Am J Trop Med Hyg. 1995; 52:241246.
Guzman MG, Kouri G, Valdes L, Bravo J, Alvarez M, Vazques S, Delgado I, Halstead SB.Estudos epidemiológicos da dengue em Sandiago de Cuba. Am J of Epidemiology.2000; 152:800-3.
Hall T.A. BioEdit: um programa de análise e editor de alinhamento de sequências biológicas de fácil utilização para Windows 95/98/NT. Ácidos Nucl. Symp. Ser. 1999; 41: 95-98.
Halstead S. B. Dengue. Lancet. 2007; 370: 1644-1652.
Halstead SB. Pathogenesis of dengue fever: challenges for molecular biology. Science.1988; 239: 476-481.
Halstead SB. Haverá uma explosão de dengue inaparente? Lancet. 1999; 353: 11001101.
Harris E, Kropp G, Belli A, Rodriguez B, Agabian N. Single-step multiplex PCR assay for characterisation of New World Leishmania complexes. J Clin Microbiol.1998; 36: 1989- 1995.
Hay SI, Cox J, Rogers DJ, Randolph SE, Stern DI, Shanks GD, Myers MF, Snow RW. Climate change and the re-emergence of malaria in the East African highlands (Alterações climáticas e o ressurgimento da malária nas terras altas da África Oriental). Nature. 2002; 415:905-909.
Henchal EA, Putnak JR. Os vírus da dengue. Clin Microbiol Rev. 1990; 3:37696.
Holden C. As temperaturas mais elevadas reduzem as colheitas a nível

mundial. Science. 2009; 323: 240-244.
ICTVdB. The Universal Virus Database, version 4 Buchen-Osmond, C (Ed),ColumbiaUniversity,NewYork,USA.2006(http://www.ncbi.nlm.nih. gov/IC TVdb/Ictv/fs_fla vi.htm).
Innis BL. Dengue e febre hemorrágica da dengue. In: Portfield J.S.ed. Kass handbook of infectious diseases: exotic infection. Londres: Chapman & Hall Medical.1995;103-46.
Instituto Internacional de Ciências da População (IIPS) e Macro International (2007). Inquérito Nacional de Saúde Familiar (NFHS-3). 2005; 06: Índia: Volume I. Jatanasen S& Thongchareon P. Dengue hemorrhagic fever in South East Asian countries. In: Monograph on Dengue Fever, DHF, OMS, New Delhi.1993; 22; 26-89. Johnson, A. J., Martin, D. A., Karabatsos, N. & Roehrig, J. T. Deteção de imunoglobulina G anti-arboviral utilizando um ensaio de imunoabsorção enzimática de captura baseado em anticorpos monoclonais. J Clin Microbiol. 2000; 38, 1827-1831. Kabilan, L., S. Balasubramanian, S. M. Keshava, V. Thenmozhi, G. Sekar, S. C. Tewari, N. Arunachalam, R. Rajendran e K. Satyanarayana. The spectrum of dengue disease in young children during the 2001 dengue epidemic in Chennai, Tamil Nadu, India. J. Clin. Microbiol. 2003; 41:3919-3921.
Kabra SK, Jain Y, Pandey RM, Madhulika Singhal T et al. Dengue haemorrhagic fever in children in 1996 Delhi epidemic. Trans R Soc Trop Med Hyg.1999; 93: 294-298.
Kabra SK, Jain Y, Singhal T, Ratageri VH. Dengue haemorrhagic fever: clinical manifestations and management. Indian J Pediatr. 1999; 66: 93-101.
Kalayanrooj S, Vaughn DW, Nimmannitya S, Green S, Suntayaorn S, Kunentrasai N, et al. Early clinical and laboratory indicators of acute dengue illness. J Infect Dis. 1997; 176: 313-21.
Kalra NL & Prasittisuk C. Sporadic Prevalence of DF/DHF in the Nilgiri and Cardamom Hills of Western Ghats in South India: Is it a seeding from the sylvatic dengue cycle - a hypothesis. Boletim da Dengue. 2004; 28: 44-50.
Kanesa-Thasan N, Sun W, Kim-Ahn G, et al. Segurança e imunogenicidade das vacinas atenuadas contra o vírus da dengue (Aventis Pasteur) em voluntários humanos. Vaccine. 2001; 19:3179-88.
Kao CL, King CC, Chao DY, Wu HL, Chang GJ. Diagnóstico laboratorial da infeção pelo vírus da dengue: perspectivas actuais e futuras para o diagnóstico clínico e a saúde pública J Microbiol Immunol Infect. 2005; 38:5-16.
Kaufman BM, Summers PL, Dubois DR, Cohen WH, Gentry MK, Timchak RL, Burke DS e Eckels KH. Monoclonal antibodies to the prM glycoprotein of dengue virus protect mice from lethal dengue infection. Am J Trop Med Hyg.1989; 41:576-580.

King CC, Wu YC, Chao DY, et al. Grandes epidemias de dengue em Taiwan em 1981-2000: relacionadas com actividades intensivas do vírus na Ásia. Dengue Bulletin. 2000; 24:1-10.

Kliks SC, Nimmanitya S, Nisalak A, Burke DS. Evidence that maternal dengue antibodies are important in the development of dengue haemorrhagic fever in infants. Am J Trop Med Hyg. 1988; 38: 411-9.

Klungthong C, Zhang C, Mammen MP Jr, Ubol S e Holmes EC. The molecular epidemiology of dengue virus serotype 4 in Bangkok, Thailand.Virology. 2004;329:168-179.

Kuhn RJ, Zhang W, Rossman MG, Pletnev SV, Corver J, Lenches E, Jones CT, Mukhopadhyay S, Chipman PR e Strauss JH.Structure of dengue virus: implications for flavivirus organisation, maturation, and fusion. Cell. 2002; 108:717-725.

Kukreti H, Chaudhary A, Rautela RS, Anand R, Mittal V, Chhabra M, Bhattacharya D, Lal S, Rai A. Emergência de uma linhagem independente do vírus da dengue de tipo 1 (DENV-1) e sua co-circulação com o DENV-3 predominante durante o surto de dengue de 2006 em Deli. Int J Infect Dis. 2008; 12:542-549.

Kukreti H, Dash PK, Parida M, Chaudhary A, Saxena P, Rautela R, et al. Estudos filogenéticos revelam a existência de múltiplas linhagens de um único genótipo de DENV-1 (genótipo III) na Índia durante 1956-2007. Virol J. 2009; 6:1.

Kumar A, Sharma SK, Padbidri VS, Thakare JP, Jain DC, Datta KK. An outbreak of dengue fever in rural areas of northern India (Um surto de dengue nas zonas rurais do norte da Índia). J Commun Dis. 2001; 33:274-81.

Kumar M, Pasha ST, Mittal V, Rawat DS, Arya SC, Agarwal N, Bhattacharya D, Lal S, Rai A. Unusual occurrence of Guate98-like molecular subtype of DEN-3 during the 2003 dengue outbreak in Delhi. Dengue Bull. 2004; 28:161-7.

Kumar R, Tripathi P, Tripathi S, Kanodia A, Venkatesh 2008. incidência de infeção por dengue em crianças do norte da Índia com insuficiência hepática aguda. Anais de Hepatologia. 2008; 7:591-62.

Kumar R, Tripathi S, Tambe J J, Arora V, e Nag V L. Dengue encephalopathy in children in Northern India: clinical features and comparison with non-dengue diseases. J Neurol Sci 2008; 269:41-48.

Kumar S, Tamure K, & Nei M. MEGA 3.1, software integrado para análise de genética evolutiva molecular e alinhamento de sequências. Briefings in Bioinformetics. 2004; 5:150-163.

Kuno G, Chang GJ, Tsuchiya KR, Karabatsos N e Cropp CB Phylogeny of the genus Flavivirus. J Virol. 1998; 72:73-83.

Kuo CH, Tai DI, Chang-Chien CS, Lan CK, Chiou SS, Liaw YF. Testes bioquímicos do fígado e dengue. Am J Trop Med Hyg. 1992; 47:265.
Kyle JL, Harris E. Global spread and persistence of dengue.Annu Rev Microbiol. 2008; 62: 71-92.
Lanciotti RS, Gubler DJ, Trent DW. Evolução molecular e filogenia dos vírus dengue 4. J Gen Virol. 1997;78 :2279-84.
Lanciotti RS, Lewis JG, Gubler DJ e Trent DW. Molecular evolution and epidemiology of dengue 3 viruses. J Gen Virol. 1994;75:65-75.
Lanciotti, RS. Ensaios de amplificação molecular para a deteção de flavivírus. Adv Virus Res. 2003;61:67-99.
Lennox RW & Arata AA. Dengue: uma praga ambiental para o novo milénio? In. Relatório cápsula do Projeto de Saúde Ambiental, Virgínia.1999; No2:1-8. http://ehp@access.digex.com
Lewis JA, Chang GJ, Lanciotti RS, Kinney RM, Mayer LW, Trent DW. Phylogenetic relationships of dengue 2 viruses. Virology. 1993; 197:216-24.
Lin CF, Lei HY, Liu CC, Yeh TM, Chen SH, Lin YS. Autoimunidade na infeção pelo vírus da dengue. Dengue Bulletin.2004; 28:51-57.
Lin CF, Lei HY, Liu CC, Yeh TM, Wang ST et al. Geração de auto-anticorpo antiplaquetário IgM em pacientes com dengue. Journal of medical virology.2001; 63:143-149.
Lorono-Pino MA, Cropp CB, Farfan JA, Vorndam AV, Rodriguez-Angulo EM, Rosado-Paredes EP, Flores-Flores LF, Beaty BJ, Gubler DJ. Ocorrência frequente de infecções simultâneas por múltiplos serotipos do vírus da dengue. Am J Trop Med Hyg 1999; 61:725-730.
Luca GN, Merdis GF. DHF na infância no Srilanka. J. Child Health. 2001; 30:9697. Lum LCS, Lam SK, Choy YS, George R e Harun F. Dengue encephalitis: a real entity? Am J Trop Med Hyg, 1996; 54: 256-259.
M. Anowar Hossain, Khatun M, Arjumand F, Nisaluk A, e Breiman F R. Serological evidence of dengue infection before epidemic outbreak, Bangladesh. Emerging Infectious Diseases (Doenças Infecciosas Emergentes). 2003; 9:1411-4.
Maneekarn N, Morita K, Tanaka M, Igarashi A, Usawattanakul W, Sirisanthana V, et al. Applications of polymerase chain reaction for identification of dengue viruses isolated from patient sera. Microbiol Immunol. 1993; 37:41-7.
Martin, D. A., Muth, D. A., Brown, T., Johnson, A. J., Karabatsos, N. & Roehrig, J. T. Standardisation of immunoglobulin M capture enzyme-linked immunosorbent assays for routine diagnosis of arboviral infections. J Clin Microbiol. 2000; 38:1823-1826.
Mayers CE. The isolation of dengue type 4 virus from human sera from

human sera in south India. Indian journal of medical microbiology.1964; 52: 559-65.
Messer WB, Gubler DJ, Harris E, Sivananthan K, de Silva AM. Emergência e propagação global de um vírus da dengue serotipo 3, subtipo III. Emerg Infect Dis. 2003; 9:800-9.
Misra A, Mukerjee R, Chaturvedi UC. Production of nitrite by dengue virus-induced cytotoxic fator. Clin Exp Immunol. 1996; 104: 406- 411.
Monath TP. Dengue: o risco para os países desenvolvidos e em desenvolvimento. Proc Natl Acad Sci U S A. 1994; 91:2395-400.
Muruganathan A. Infecções reemergentes: Dengue Medicine Update. 2008; 18:739:47.
Narayanan M, Aravind M.A, Thilothammal N, Prema R, Rex Sargunam C.S. e Ramamurty N. Dengue fever epidemic in Chennai - a study of clinical profile and outcome. Indian Pediatr. 2002; 39:1027-33.
Nimmannitya S. Dengue haemorrhagic fever: current issues and future research. Asian-Oceanian Journal of Paediatrics and Child Health. 2002; 1:1-21.
Nisalak A, Endy TP, Nimmannitya S, Kalayanarooj S, Thisayakorn U, Scott RM, Burke DS, Hoke CH, Innis BL, Vaughn DW. Circulação do vírus da dengue específico do sorotipo e doença da dengue em Banguecoque de 1973 a 1999. J. Trop. Med. Hyg. 2003; 68: 191-202.
Pancharoen C, Thisyakorn U. Dengue virus infection in infancy (Infeção pelo vírus da dengue na infância). Trans R Soc Trop Med Hyg.2001; 95:307-308.
Park K. Epidemiologia das doenças transmissíveis. In: Park's Textbook of Preventive and Social Medicine. 19ª ed. 2007; 206-9.
Perera R e Kuhn RJ. Structural proteomics of dengue virus. Annu Rev Microbiol. 2008;11:369-377.
Phuong CXT, Nahan NT, Kneen R, Thuy PT, van Thien C, Nga NT, Thuy TT, Solomon T, Stepniewska K, Wills B. Diagnóstico clínico e avaliação da gravidade da infeção confirmada por dengue em crianças vietnamitas: o sistema de classificação da Organização Mundial de Saúde é útil? Am J Trop Med Hyg. 2004; 70: 172- 179.
Qazi SS e Hamza HB. Protein-energy malnutrition in childhood in developing countries (Desnutrição proteico-energética na infância nos países em desenvolvimento). Medicine Today. 2005; 3: 43-46.
Qu X, Chen W, Maguire T, Austin F. Imunoreactividade e efeitos protectores em ratos de uma proteína NS1 recombinante do vírus do dengue 2 de Tonga produzida num sistema de expressão de baculovírus. J Gen Virol. 1993;74 :89-97.
Ramji S. A febre do dengue ataca em Deli. Indian Pediatr. 1996; 33: 978-

80.
Ratho RK, Mishra B, Kaur J, Kakkar N, Sharma K. An outbreak of dengue fever in periurban slums of Chandigarh, India, with special reference to entomological and climatic factors. Indian J Med Sci. 2005;59:518-26.
Ray G, Kumar V, Kapoor AK, Dutta AK, Batra S. Status of antioxidants and other biochemical abnormalities in children with dengue fever. J Trop Pediatr. 1999; 45:4-7.
Rico-Hessen. Evolução molecular e propagação do vírus da dengue tipos 1 e 2 na natureza. Virologia. 1990; 174:479-493.
Rico-Hessen. Microevolução e virulência dos vírus da dengue. Adv Virus Res. 2003; 59:315-341.
Rico-Hesse R, Harrison LM, Salas RA, Tovar D, Nisalak A, Ramos C, Boshell J, de Mesa MTR, Nogueira RMR e da Roasa AT. Origens dos vírus dengue tipo 2 associados ao aumento da patogenicidade nas Américas. Virologia. 1997; 230:244-251.
Rigau-Perez JG. Dengue grave: a necessidade de novas definições de caso. Lancet Infect Dis. 2006; 6: 297-302.
Rigau-Perez JG, Clark GG, Gubler DJ, Reiter P, Sanders EJ, Vorndam AV. Dengue fever and dengue haemorrhagic fever. Lancet. 1998; 352: 971-7.
Rosen L. Sexual transmission of dengue virus by Aedes albopictus. Am. J. Trop. Med. Hyg. 1987; 23:1153-1160.
Rothman AL, Ennis FA. Imunopatogénese da febre hemorrágica do dengue. Virologia.1999; 257:1-6. Rothwell SW, Putnak R, La Russa VF. Infeção da medula óssea humana pelo vírus da dengue 2: caraterização das células estromais positivas para o antigénio da dengue 2. Am. J. Trop. Med. Hyg. 1996;54:503-10.
Rudnick A, Marchette NJ, Garcia R. Possível dengue na selva: Novos estudos e hipóteses. Jpn J Med Sci Biol. 1967; 20:69-74.
Sabchareon A, Lang J, Chanthavanich P, et al. Safety and immunogenicity of tetravalent live-attenuated dengue vaccines in Thai adult volunteers: role of serotype concentration, ratio, and multiple doses. Am J Trop Med Hyg. 2002;66:264-72.
Sabin A.B. Recent advances in our knowledge of dengue and sandfly fever (Avanços recentes no nosso conhecimento do dengue e da febre do mosquito da areia). Am. J. Trop. Med. Hyg. 1955; 4:198-207.
Sabin AB e Schlesinger RW. Geração de imunidade à dengue com um vírus modificado por propagação em ratos. Science. 1945; 101:640-2.
Saitou N. e M. Nei. The neighbour-joining method: a new method for reconstructing phylogenetic trees. Mol Biol Evol. 1987; 4:406-425.
Sallberg M, Townsend K, Chen M, et al. Characterisation of humoral and CD4+ cellular responses after genetic immunisation with retroviral vectors

expressing different forms of hepatitis B virus core and e antigen. J Virol. 1997;71:5295-303.
Samuel PP, Thenmozhi V, Tyagi BK. Um surto focal de febre de dengue numa zona rural de Tamil Nadu. Indian J Med Res. 2007; 125:179-81.
Sanchez V, Gimenez S, Tomlinson B, et al. Innate and adaptive cellular immunity in flavivirus-naive human recipients of a live-attenuated dengue serotype 3 vaccine produced in Vero cells (VDV3). Vaccine. 2006; 24:4914-26. Saxena P, Dash P K, Santhosh SR, Shrivastava A, Parida M e Rao PVL. Development and evaluation of a one-step multiplex RT-PCR for rapid detection and typing of dengue viruses in a single tube. Virology Journal. 2008; 5:20.
Schlesinger JJ, Brandriss MW, Walsh EE. Proteção contra a encefalite da febre amarela 17 D em ratos por transferência passiva de anticorpos contra a glicoproteína não estrutural gp48 e por imunização ativa com gp48. J Immunol. 1985; 135: 2805-2809.
Schwartz, E., Mileguir, F., Grossman, Z. & Mendelson, E. Evaluation of ELISA-based sero-diagnosis of dengue fever in travellers. J Clin Virol. 2000;19:169-173.
Shekhar KC, Huat OL. Epidemiology of dengue fever/dengue haemorrhagic fever in Malaysia - a retrospective epidemiological study 1973-1987. Part I: Dengue haemorrhagic fever (DHF). Asia Pac J Public Health. 1992; 6:15-25.
Sharma SN, Raina VK, Kumar A. Dengue/DHF: uma doença emergente na Índia. J Commun Dis. 2000;32:175-9.
Singh UB, Maitra A, Broor S, Rai A, Pasha ST, Seth P. Sequenciação parcial de nucleótidos e evolução molecular de estirpes epidémicas causadoras de dengue 2. J Infect Dis.1999; 180:959-65.
Singh UB, Seth P. Use of nucleotide sequencing of the genomic cDNA fragments of the capsid/premembrane junction region for molecular epidemiology of dengue type 2 viruses. Southeast Asian J Trop Med Public Health. 2001; 32:326-35.
Sinha A, Sazawal S, Kumar R, Sood S, Reddaiah VP, Singh B, et al. Typhoid fever in children aged less than 5 years. Lancet. 1999; 354:734-7.
Smithburn KC, Kerr JA e Gatul PB. Neutralising antibodies to certain viruses in sera from inhabitants of India. J. Immunol. 1954; 72:248-257.
Smucny JJ, Kelly EP, Macarthy PO, King AD. Respostas de ratinhos às subclasses de imunoglobulina G após imunização com o vírus vivo da dengue ou uma proteína recombinante do envelope da dengue. Am J Trop Med Hyg. 1995; 53:432-7.
Solomon T, Dung NM, Vaughn DW, Kneen R, Thao LT, Raengsakulrach B, Loan HT, Day NP, Farrar J, Myint KS, Warrell MJ, James WS, Nisalak A,

White NJ. Neurological manifestations of dengue infection (Manifestações neurológicas da infeção por dengue). Lancet. 2000; 355:1053-9.
Souza LJ, Alvez JG, Nogueira RM, Gicovate NC, Bastos Da, Siqueira EW, Souto Filho JT, Cezario T, Soares CE, Carneiro RC. Alterações das aminotransferases e hepatite aguda em pacientes com dengue: análise de 1.585 casos. Braz J Infect Dis. 2004; 8:156-63.
Stephenson JR. Compreender a patogénese da febre de dengue: implicações para o desenvolvimento de vacinas. Boletim da Organização Mundial de Saúde. 2005; 83:305-314.
Sumarmo SP, Wulur H, Jahja E, Gubler DJ. Suharyano W, Sorensen K. Clinical observation on virologically confirmed Fatal Dengue Infections in Jakarta (Observação clínica de infecções de dengue fatais confirmadas virologicamente em Jacarta),
Indonésia. Boletim da Organização Mundial de Saúde. 1983; 61: 693-701.
Thangaratham PS, Tyagi BK. Indian perspective on the need for new case definitions for severe dengue fever. The Lancet. 2007.7: 81-82.
Thayan R, Vijayamalar B, Zainah S, Chew T K, Morita K, Sinniah M, Igarashi A. The use of polymerase chain reaction (PCR) as a diagnostic tool for dengue virus. Southeast Asian J Trop Med Public Health. 1995; 26: 669-73.
Thu HTV, Loan HK, Thao HTP e Tu TD. Isolamento do vírus da encefalite japonesa de mosquitos recolhidos em Can THO CITY. Actas do Workshop Internacional sobre Biotecnologia na Agricultura; Universidade de Nong Lam, Cidade de Ho Chi Minh. 2006; 20-21.
Tsai TF. Flavivirus In: Mandell, Douglas and Bennett's "Principle and Practice of infectious diseases", 5th edition 2000; Volume 2.
Tsuda Y e Takagi M. Survival and development of larvae of Aedes aegypti and Aedes albopictus (Diptera: Culicidae) in a seasonally changing environment in Nagasaki, Japan. Environ Entomol. 2001; 30(5):855-860.
Twiddy SS, Farrar JJ, Nguyen VC, Wills B, Gould, EA, Gritsun T, Lloyd G e Holmes EC. Phylogenetic relationships and differential selection pressures among dengue 2 virus genotypes. Virologia. 2002; 298:63-72.
Ukey PM, Bondade SA, Paunipagar PV, Power RM, Akulwar SL. Estudo sobre a seroprevalência da febre de dengue na Índia central. Indian J Community Medicine. 2010;35:517-519.
Programa das Nações Unidas para o Ambiente. O ambiente nas notícias. (http://www.unep.org/cpi/briefs/2009Jan09.doc, 9 de janeiro de 2009).
Usawattanakul W, Jittmittraphap A, Tapchaisri P, Siripanichgon K, Buchachart K, Hong-ngarm A, Thongtaradol P e Endy TP. Deteção do ARN do vírus da dengue no soro de doentes por amplificação baseada na sequência de ácidos nucleicos (NASBA) e reação em cadeia da polimerase (PCR).

Dengue Bulletin. 2002; Vol 26:136-139.
Usuku S, Castillo L, Sugimoto C, Noguchi Y, Yogo Y e Kobayashi N. Análise filogenética dos vírus dengue 3 prevalecentes na Guatemala durante 19961998. Arch Virol. 2001;146:1381-1390.
Vajpayee M, Mohankumar K, Wali JP, Dar L, Seth P, Broor S. Dengue virus infection during the post-epidemic period in Delhi, India. Southeast Asian J Trop Med Public Health .1999; 30:507-10.
Vasilakis N e Weaver SC. History and evolution of dengue fever incidence in humans. Adv Virus Res. 2008; 72:1-76.
Vaughn DW. Dengue lessons from Cuba. Am J Epidemiol. 2000;125:800-803. Vijayakumar TS, Chandy S, Sathish N, Abraham M, Abraham P, Sridharan G. Is dengue emerging as a major public health problem? Indian J Med Res. 2005; 121:100-7.
Vorndam V e Kuno G. Laboratory diagnosis of dengue virus infections, pp. 313-334.
Wali JP, Biswas A, Handa R, Aggarwal P, Wig N, Dwivedi SN. Dengue haemorrhagic fever in adults: a prospective study of 110 cases. Trop Doct.1999; 29: 27-30.
Wan, Meiyu Fang e Weijun Chen. PCR em tempo real para a deteção do vírus da dengue circulante na província de Guangdong, China, em 2006 Journal of Medical Microbiology.2008; 57, 1547-1552.
Wang E, Ni H, Xu R, Barrett AD, Watowich SJ, Gubler DJ e Weaver SC. Evolutionary relationships between endemic/epidemic and sylvatic dengue viruses. J Virol. 2000; 74:3227-3234.
Wang WK, Chao DY, Lin SR, King CC, Chang, SC 2003. Infecções simultâneas com dois serotipos do vírus da dengue em doentes com dengue em Taiwan. J Microbiol Immunol Infect. 2003;36:89-95.
Webster D, Farrar J, Rowland-Jones S. Progress towards a dengue vaccine. Lancet Infec Dis. 2009; 9:678-687.
Whitehead SS, Blaney JE, Durbin AP e Murphy BR. Prospects for a dengue virus vaccine (Perspectivas para uma vacina contra o vírus da dengue). Nat Rev Microbiol. 2007; 5:518-528.
Comité Técnico Consultivo (CTA) da OMS sobre a FHD para as regiões do Sudeste Asiático e do Pacífico Ocidental Orientações para o diagnóstico, tratamento, vigilância, prevenção e controlo da febre hemorrágica do dengue. Série de relatórios técnicos. 1975; Organização Mundial de Saúde, Genebra.
Organização Mundial de Saúde. Dengue e febre hemorrágica da dengue. 2008. (http://www.who.int/mediacentre/factsheets/fs117/en/).
Organização Mundial de Saúde. Dengue haemorrhagic fever: diagnosis, treatment, prevention and control. 2ª ed. Genebra: Organização Mundial de

Saúde. 2007 Organização Mundial da Saúde. Dengue e febre hemorrágica da dengue. 2009. (http://www.who.int/mediacentre/factsheets/fs117/en/).
Organização Mundial de Saúde. Dengue haemorrhagic fever: diagnosis, treatment, prevention and control, 2nd Geneva: 1997.
Organização Mundial de Saúde. Directrizes para procedimentos operacionais normalizados em microbiologia. Nova Deli: SEA/HLM/324. 2000.
Zanotto PM, Gould EA, Gao GF, Harvey PH e Holmes EC. Population dynamics of flaviviruses revealed by molecular phylogenies (Dinâmica populacional dos flavivírus revelada por filogenias moleculares). Proc Natl Acad Sci USA. 1996; 93:548-553.
Zhang C, Mammen PM, Chinnawirotpisan P, Klungthong C, Rodpradit P, Monkongdee P, et al. As substituições de clados nos serotipos 1 e 3 do vírus da dengue estão associadas à alteração da prevalência dos serotipos. J Virol 2005; 79:15123-30.
Zhang YM, Hayes EP, McCarty TC, et al. A imunização de ratinhos com proteínas estruturais do dengue e com a proteína não estrutural NS1 expressa por baculovírus recombinantes induz resistência à encefalite por vírus do dengue. J Virol. 1988; 62:3027-31.
Zhijun Bai, Licheng Liu, Zeng Tu, Lisi Yao, Jianwei Liu, Bing Xu, Boheng Tang, Jinhua Liu, Yongji Wan, Meiyu Fang e Weijun Chen. Real-time PCR for the detection of circulating dengue virus in Guangdong Province, China in 2006 (PCR em tempo real para a deteção do vírus da dengue em circulação na província de Guangdong, China em 2006) J Med Microbiol. 2008; 1547-1552.

Índice

Printed by Books on Demand GmbH, Norderstedt / Germany